抬头看！

纽约建筑大发现

[美] 劳伦·鲁宾（Lauren Rubin） 著

李舟涵 译

清华大学出版社
北京

北京市版权局著作权合同登记号　图字：01-2020-6124

图书在版编目（CIP）数据

抬头看！纽约建筑大发现 /（美）劳伦·鲁宾（Lauren Rubin）著；李舟涵译. —北京：清华大学出版社，2022.3
ISBN 978-7-302-59784-1

Ⅰ.①抬… Ⅱ.①劳… ②李… Ⅲ.①城市建筑－建筑设计－纽约－青少年读物 Ⅳ.①TU984.712-49

中国版本图书馆CIP数据核字（2022）第000461号

责任编辑：冯　乐
装帧设计：谢晓翠
责任校对：王荣静
责任印制：杨　艳

出版发行：清华大学出版社
　　　网　　址：http://www.tup.com.cn，　　http://www.wqbook.com
　　　地　　址：北京清华大学学研大厦A座　　　邮　　编：100084
　　　社总机：010-83470000　　　　　　　　　邮　　购：010-62786544
　　　投稿与读者服务：010-62776969, c-service@tup.tsinghua.edu.cn
　　　质量反馈：010-62772015, zhiliang@tup.tsinghua.edu.cn
印装者：小森印刷（北京）有限公司
经　销：全国新华书店
开　本：304mm×228mm　　　印　张：9.5　　　　字　数：190千字
版　次：2022年5月第1版　　　印　次：2022年5月第1次印刷
定　价：89.00元

产品编号：086867-01

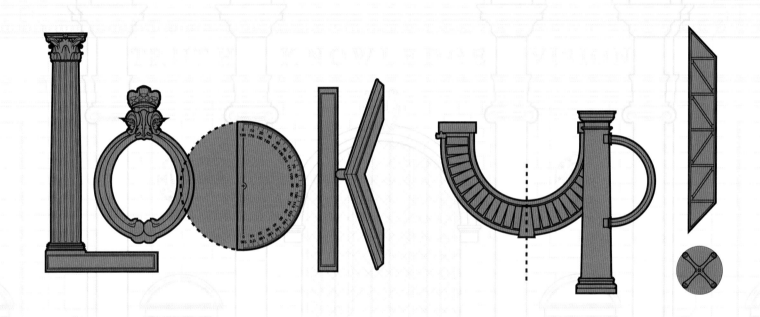

受奥布里和伊恩的启发

如何使用这本书

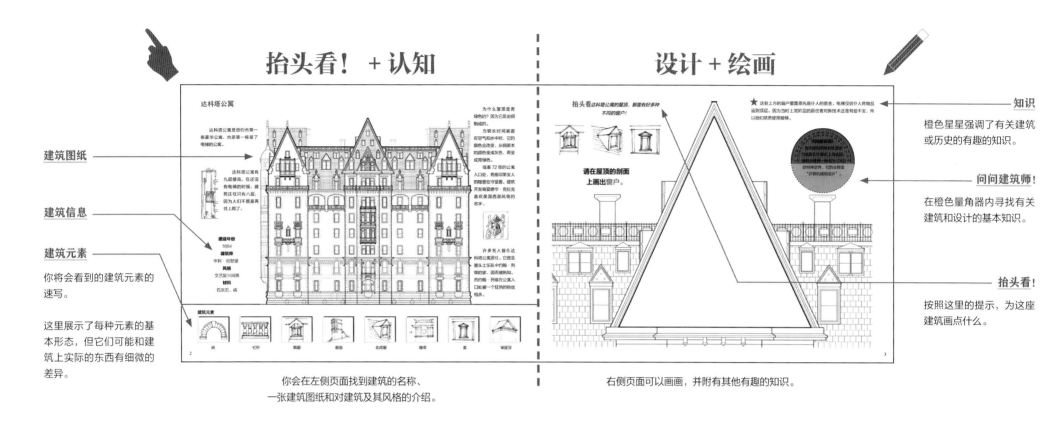

抬头看！＋认知

建筑图纸

建筑信息

建筑元素

你将会看到的建筑元素的速写。

这里展示了每种元素的基本形态，但它们可能和建筑上实际的东西有细微的差异。

达科塔公寓

达科塔公寓是纽约市的第一栋豪华公寓，也是第一栋装了电梯的公寓。

达科塔公寓有九层楼高，在还没有电梯的时候，建筑往往只有六层，因为人们不愿意再往上爬了。

建造年份
1884
建筑师
亨利·哈登堡
风格
文艺复兴风格
材料
石灰石、砖

为什么屋顶是青绿色的？因为它是由铜制的。

当铜长时间暴露在空气和水中时，它的颜色会改变，从铜原本的颜色变成灰色，再变成青绿色。

临着72街的公寓入口处，有座印第安人的雕塑在守望着，建筑开发商爱德华·克拉克喜欢美国西部风格的名字。

许多名人曾在达科塔公寓居住，它曾是披头士乐队中的一列侬的家，因而被熟知。而约翰·列侬在公寓入口处被一个狂热的粉丝枪杀了。

建筑元素

拱　栏杆　飘窗　屋面　老虎窗　檐蓬　盒　城堡顶

你会在左侧页面找到建筑的名称、一张建筑图纸和对建筑及其风格的介绍。

设计＋绘画

抬头看达科塔公寓的屋顶，那里有好多种不同的窗户！

请在屋顶的剖面上画出窗户。

这扇上方的窗户里面限只是仆人的宿舍。电梯仅供仆人将物品运到顶层。因为当时上流阶层的居住者对新技术还是有些不安，所以他们预装使用楼梯。

知识

橙色星星强调了有关建筑或历史的有趣的知识。

问问建筑师！

在橙色量角器内寻找有关建筑和设计的基本知识。

抬头看！

按照这里的提示，为这座建筑画点什么。

右侧页面可以画画，并附有其他有趣的知识。

上色、绘画和速写！

地图

每一段游览都以地图开始。地图展示了每栋建筑的名称和地址，以及其他你可能会感兴趣的地点，例如最近的地铁站。

时间

每种线路的游览时间被设计为约一个小时，你可以走完整个线路，或只看其中几栋建筑。

词汇表

在书的最后，你会看到相关术语和建筑风格的词汇表。

作者的话

作为一名纽约的建筑师，我爱上了这座城市的建筑和景观。我的孩子上学后，我开始带他们的同学和老师参观当地的街区。很快，我们集合了一大群喜爱谈论当地建筑的孩子和大人。我们讨论建筑的形态和风格，并练习绘制了一些我们观察到的设计理念。这个想法很受欢迎，以至于许多家长、老师和同事们鼓励我在更大范围内分享。《抬头看！纽约建筑大发现》就是这样诞生的。

通过游览，你可以了解建筑，并对当地街区有新的认识。游览的线路非常轻松，可以当成一堂历史课，也可以当成一趟写生之旅，或度过一天的一种有趣的方式。当你抬头看时，你会找到各种有趣的线索来了解街区和城市的历史。这些建筑是怎样建造的？人们用了哪些材料，为什么？这栋建筑有什么重要的价值？什么类型的建筑定义了一个街区？

我喜欢通过别人的视角体验建筑。我急切地想在你的建筑之旅中遇见你，希望能看到你在街上抬头看！

欢迎来到纽约!

一些世界上非常著名的建筑都在这里。纽约市由五个行政区组成：

曼哈顿
布鲁克林区
皇后区
斯塔滕岛
布朗克斯区

每个行政区都是由不同的街区组成的，城市中的每个街区都是独一无二的。

每栋建筑都在讲述一个故事。它给我们提供了一些线索——关于在这里居住或工作的人、设计这些建筑的建筑师，以及建造它们的人。

上西区行走线路

上西区已经有 300 多年的历史了，它并不总是像今天这样受欢迎。这里曾经全部都是森林，被市中心的人称为"荒野"!

我们的行走线路从著名的达科塔公寓开始，到罗斯地球和空间中心（含海登天文馆）结束。途中，你将看到一些著名的公寓楼和一座古老的教堂。在博物馆内或者街对面的中央公园有很多事可以做。游览结束后，尝尝椒盐脆饼并在书上画画吧!

Ⓑ Ⓒ 地铁线经过

上东区行走线路

上东区是中央公园另一侧的街区，我将带你沿着第五大道游览上东区。

你可以从任何一端开始走，可以去中央公园动物园，或在广场酒店喝杯茶。上东区的建筑非常高雅，它们使用了大量石灰石、铜和其他昂贵的材料。不妨再看一看大军团广场的喷泉和雕塑，它们已在后面的地图上标注出来了。

④ ⑤ ⑥ 地铁线经过

熨斗区行走线路

这是麦迪逊广场公园和著名的熨斗大厦所在地。由于熨斗大厦非常受欢迎，所以整个街区都被称作熨斗区。麦迪逊广场公园周围有许多伟大的建筑，它还以展示各种艺术装置而闻名。

Ⓝ Ⓡ Ⓠ 地铁线经过

布莱恩特公园行走线路

在布莱恩特公园的行走线路中，你将看到世界著名的纽约公共图书馆。如果有时间，你应该从图书馆内部穿过——内部和外部一样令人印象深刻。

你还将看到一些不同类型的摩天大楼。你会看到旧建筑物碰到新建筑时会发生什么，以及建筑师如何将不同的设计风格融合在一起。游览结束后，你可以在公园休息，享用午餐并画画。

Ⓝ Ⓡ Ⓠ Ⓑ Ⓓ Ⓕ Ⓜ ⑦ 地铁线经过

布朗克斯区

皇后区

曼哈顿

布鲁克林区

抬头看！建筑分布图

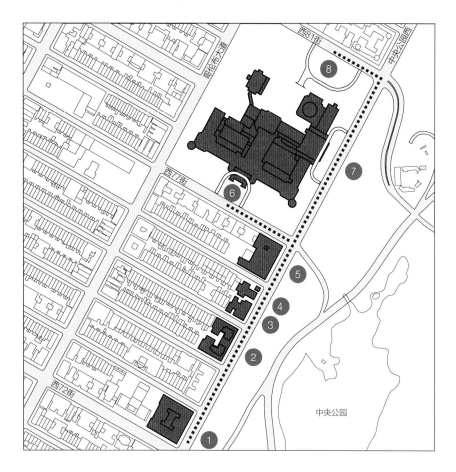

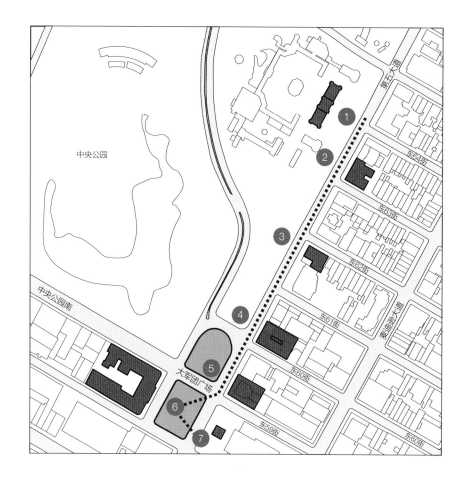

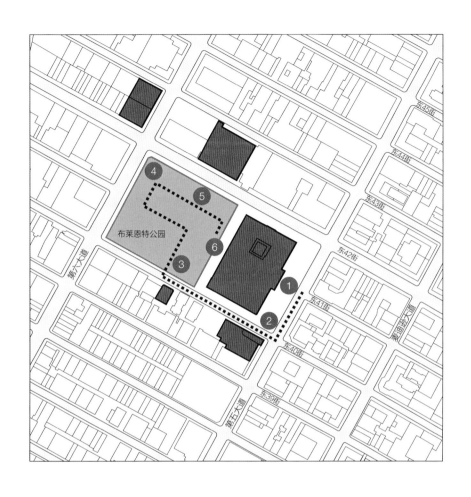

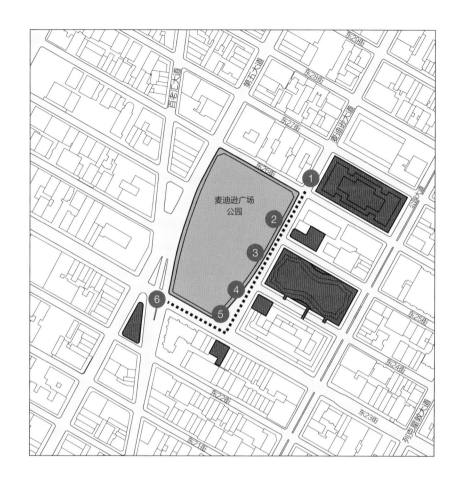

布莱恩特公园行走线路

熨斗区行走线路

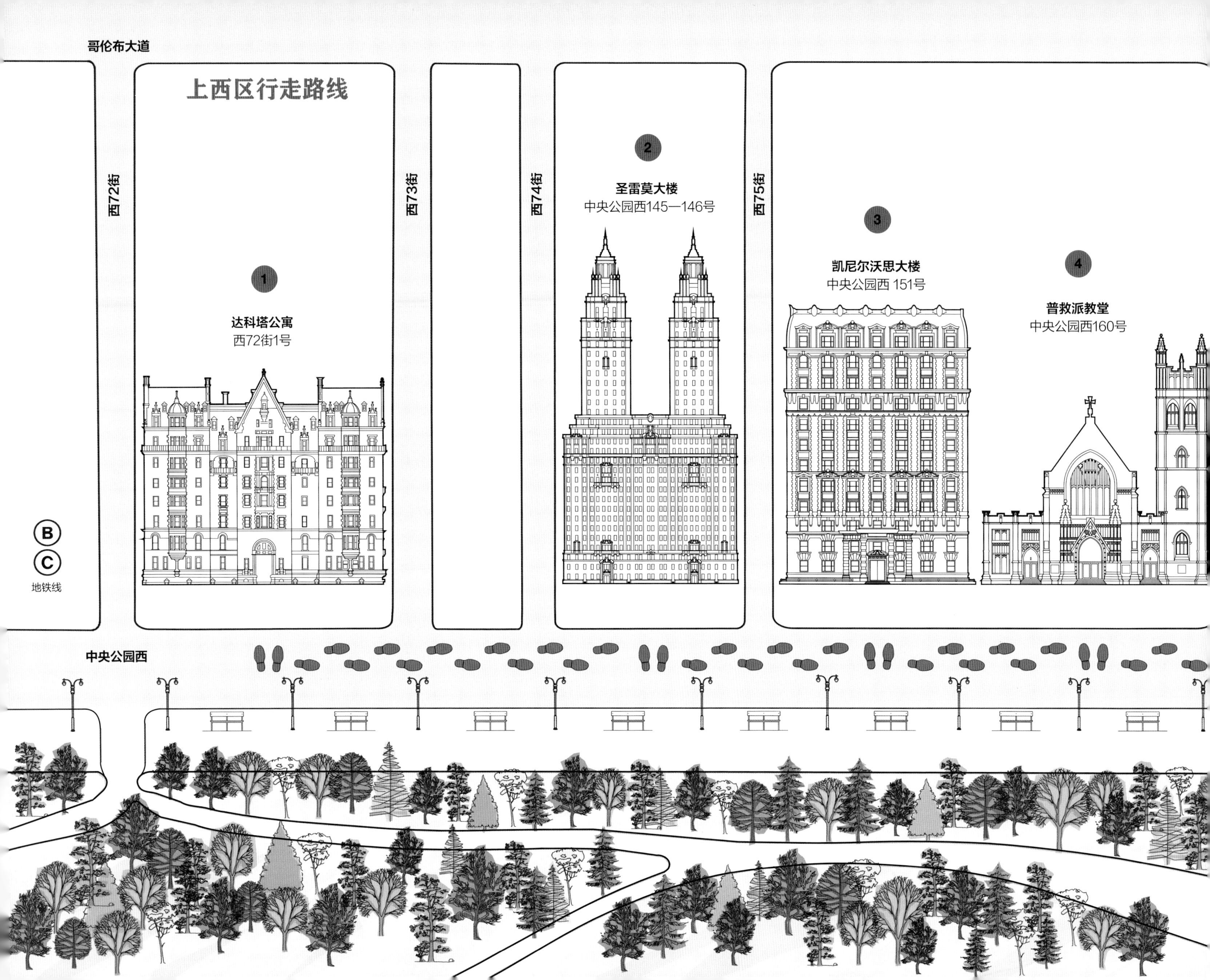

哥伦布大道

上西区行走路线

西72街

西73街

西74街

西75街

2

圣雷莫大楼
中央公园西145—146号

3

凯尼尔沃思大楼
中央公园西 151号

4

1

达科塔公寓
西72街1号

普救派教堂
中央公园西160号

B
C
地铁线

中央公园西

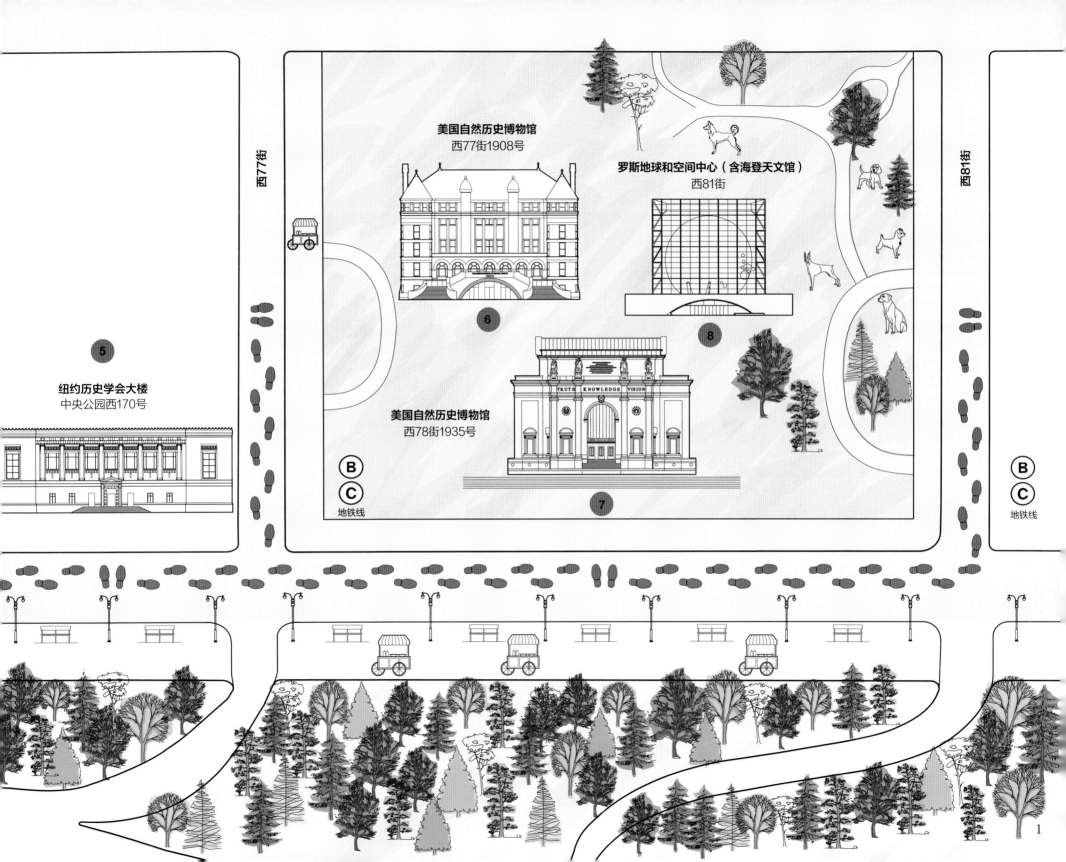

西77街

西81街

美国自然历史博物馆
西77街1908号

罗斯地球和空间中心（含海登天文馆）
西81街

(6)

(8)

(5)

纽约历史学会大楼
中央公园西170号

美国自然历史博物馆
西78街1935号

TRUTH KNOWLEDGE VISION

(B)
(C)
地铁线

(7)

(B)
(C)
地铁线

达科塔公寓

西72街1号

达科塔公寓是纽约市第一栋豪华公寓，也是第一栋装了电梯的公寓。

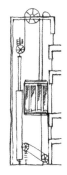

达科塔公寓有九层楼高。在还没有电梯的时候，建筑往往只有六层，因为人们不愿意再往上爬了。

建造年份

1884

建筑师

亨利·哈登堡

风格

文艺复兴风格

材料

石灰石、砖

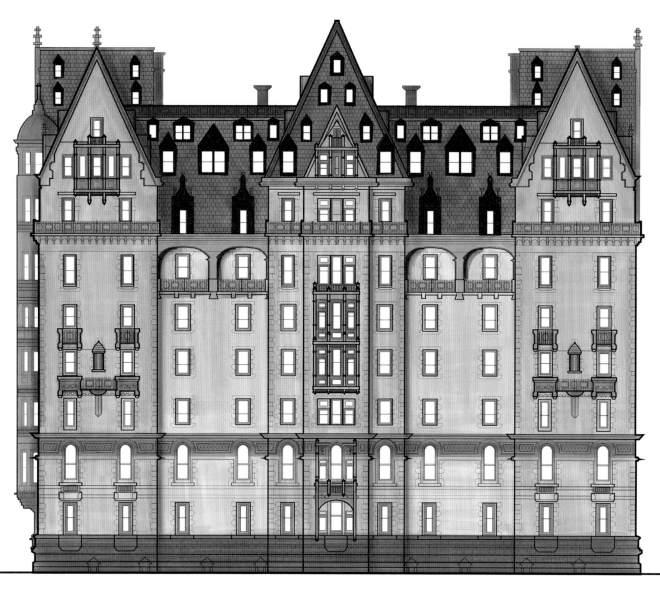

为什么屋顶是青绿色的？因为它是由铜制成的。

当铜长时间暴露在空气和水中时，它的颜色会改变，从铜原本的颜色变成灰色，再变成青绿色。

临着72街的公寓入口处，有座印第安人的雕塑在守望着。建筑开发商爱德华·克拉克喜欢美国西部风格的名字。

许多名人曾在达科塔公寓居住。它曾是披头士乐队中约翰·列侬的家，因而被熟知。而约翰·列侬在公寓入口处被一个狂热的粉丝枪杀。

建筑元素

拱

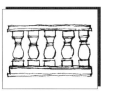

栏杆

飘窗

烟囱

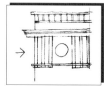

老虎窗

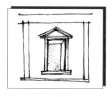

雕带

龛

坡屋顶

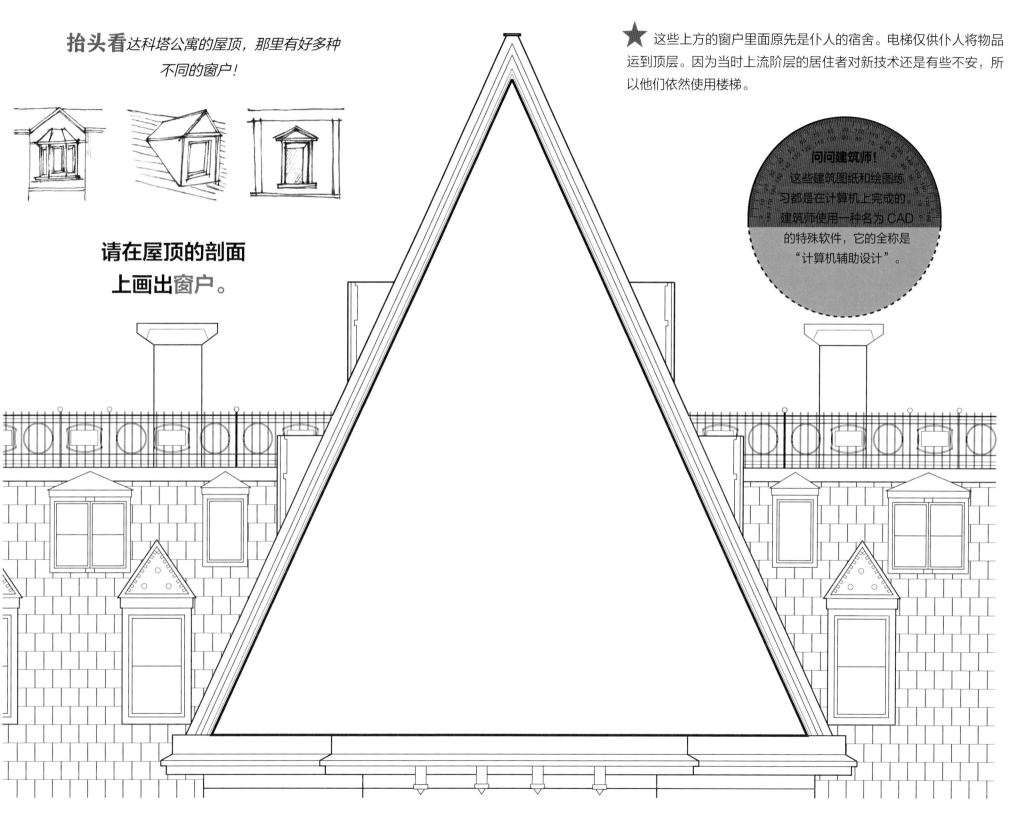

抬头看达科塔公寓的屋顶，那里有好多种不同的窗户！

请在屋顶的剖面上画出窗户。

★ 这些上方的窗户里面原先是仆人的宿舍。电梯仅供仆人将物品运到顶层。因为当时上流阶层的居住者对新技术还是有些不安，所以他们依然使用楼梯。

问问建筑师！
这些建筑图纸和绘图练习都是在计算机上完成的。建筑师使用一种名为 CAD 的特殊软件，它的全称是"计算机辅助设计"。

圣雷莫大楼

中央公园西 145—146 号

像许多建筑一样，圣雷莫大楼是由各种形状堆叠而成的。它有底部、中部和顶部。基本形状成为建筑师用于设计建筑物的元素。

圣雷莫大楼的底部和中部呈块状，顶部是两个高高的矩形塔楼。塔楼上有优雅的王冠似的亭子，水箱就藏在里面。

建造年份

1930

建筑师

埃默里·罗斯

风格

新古典主义
装饰艺术

材料

钢、石灰石、砖

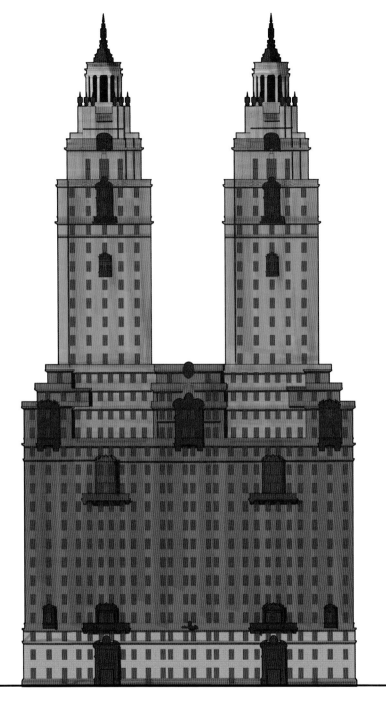

圣雷莫大楼的双子塔是纽约市首次建成的双子塔，这样的设计有利于让街道获得更多的阳光和新鲜空气。

纽约的许多建筑都采用了双子塔的形式，其中最著名的例子是"9·11"事件前的世界贸易中心和时代华纳中心。

圣雷莫大楼是新古典主义建筑，这种建筑的灵感来自古希腊和古罗马的建筑。

对称是古典建筑中最重要的思想之一。对称是平衡的另一种说法，在建筑中，它表示两侧完全相同。

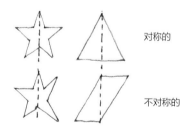

对称的

不对称的

建筑元素

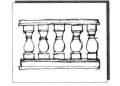

栏杆

牛腿

断拱

卡图什

小圆顶

入口

山墙

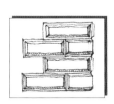

粗面石

抬头看

圣雷莫大楼的双子塔。

你从街道上看不到它的细节，

不过请你想象一下。

★ 你能想到其他著名
的双子塔吗?

请在虚线框内
画出你自己想象中的
双子塔。

问问建筑师!
建筑师在设计建筑时需
要遵循许多规则。城市中
的每栋建筑物都必须先获
得纽约市楼宇局的批准
才能建造。

★ 这些塔楼是通过优秀的设计来响应纽约市
楼宇局规定的完美典范。

　为了使建筑更高，必须将其布局在远离街
道的地方，以获得更多的新鲜空气和阳光。

　塔楼比建筑的底部距离街道更远，因此符
合要求。两座独立的塔从四面引入光线和空气。

凯尼尔沃思大楼

中央公园西 151 号

使建筑变得独特有许多种方法，可以是有趣的形态，也可以是有装饰性的设计元素。

凯尼尔沃思大楼形态简单，但有很多层装饰图案。

这座建筑的设计像古典风格一样讲究平衡或对称，但它有更为精致的装饰。

建造年份

1908

建筑师

汤森、史坦乐、哈斯克尔

风格

法兰西第二帝国风格
（维多利亚风格）

材料

石灰石、砖

凯尼尔沃思大楼有时被称作婚礼蛋糕大楼。石灰石就如同撒在一层层红砖上的糖霜。整座大楼就像一个婚礼蛋糕，有漩涡状的糖霜和花朵。凯尼尔沃思大楼的装饰有垂花饰、卡图什、牛腿和隅石砌。

凯尼尔沃思大楼精致的入口周围的柱子叫作叠合柱，石盘像箍一样把圆柱分成一截一截的……也像蛋糕一样层层叠叠！

环顾凯尼尔沃思大楼的基座，像许多公寓楼一样，它被"干涸的护城河"包围。护城河是指围绕建筑的沟渠，它们曾被用于保护城堡这样的建筑，可以装满水或保持干涸，并有木刺围绕。

在纽约的公寓楼中，一条"干涸的护城河"可以使光线和新鲜的空气进入地下室。

建筑元素

牛腿

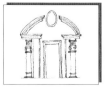

断拱

卡图什

多立克柱式

山墙

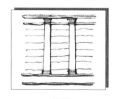

壁柱

隅石砌

垂花饰

抬头看 凯尼尔沃思大楼，这扇窗户的上方有一个椭圆形的卡图什。

★ 卡图什是一种椭圆形的石头徽标。有时它上面会有某个人的形象、国王或王后的名字、铭文或日期。

请为这扇窗设计你自己的卡图什。

发挥你的想象力，设计出独特的符号、形象或格言吧！

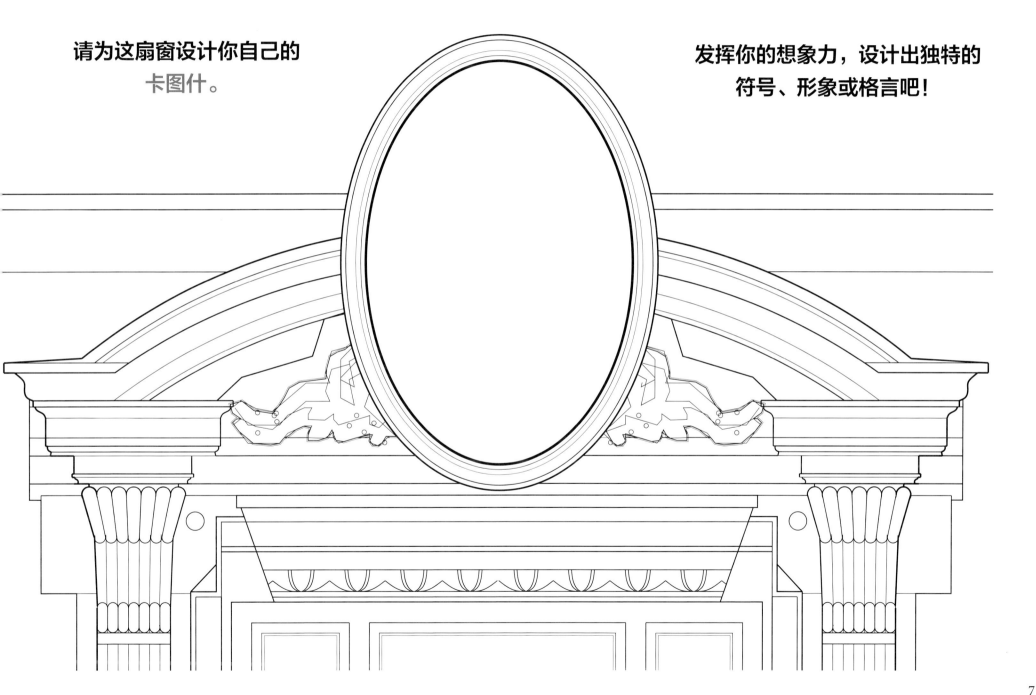

普救派教堂

中央公园西 160 号

这栋建筑有什么不同?

这是我们前面没有介绍过的哥特式建筑,在周围古典建筑的衬托下,它在街道上显得别具一格。

在哥特式建筑出现之前,欧洲许多建筑都是沉闷的,它们黑暗、冰冷、阴郁。哥特式建筑的扶壁和尖拱使建筑师能够建造更高大的空间,这有利于引入阳光和新鲜空气。

建造年份

1898

建筑师

威廉·阿普尔顿·波特

风格

新哥特式

材料

石灰石、页岩

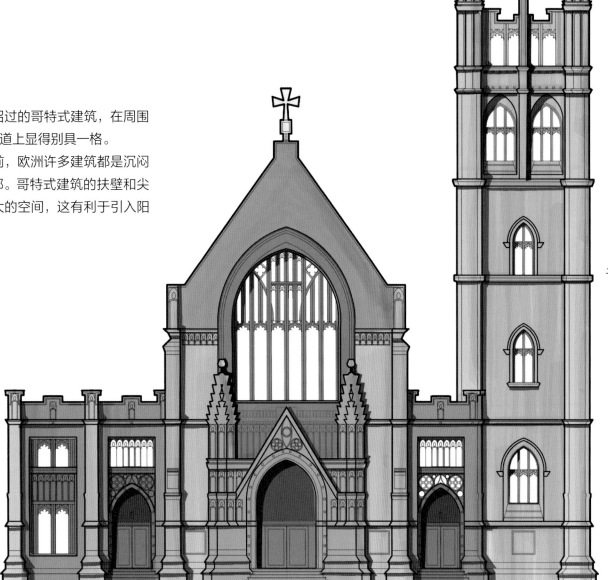

哥特式建筑

教堂和大学建筑

不对称的、装饰华丽的

激发情感和想象力

对比

古典建筑

公共和商业建筑

有序的、对称的

激发逻辑和理性

这些建筑元素让你想起了什么?

这些形状中的一部分也曾经被用于设计城堡。

哥特式建筑更高、更开放、更具有装饰性,有利于光线和新鲜空气进入。它们是启发灵感、鼓舞人心的。难怪很多教堂、城堡和大学建筑都是哥特式的。

建筑元素

雉堞

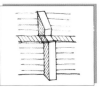

扶壁

柳叶窗

坡屋顶

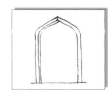

尖拱

四叶饰

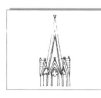

尖顶

哥特式窗饰

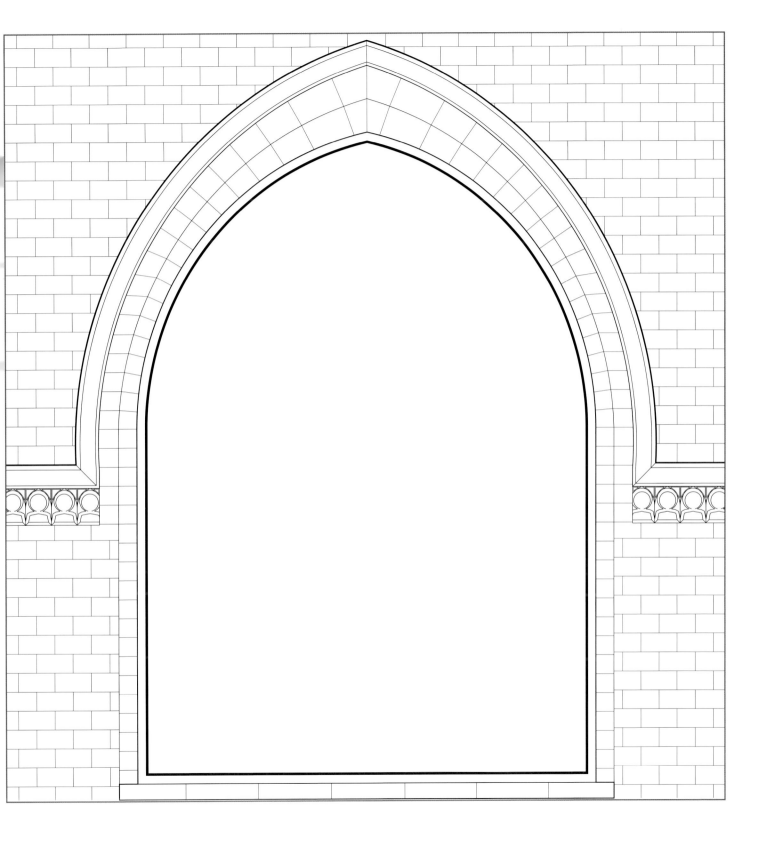

抬头看教堂的彩色玻璃。

请设计你自己的
彩色玻璃。

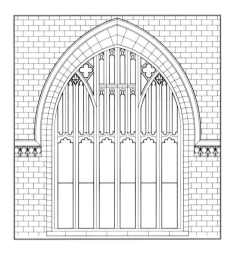

★ 教堂的圣坛由艺术家路易斯·康福特·蒂芙尼设计，他以设计玻璃彩灯闻名。路易斯的父亲是纽约最著名的蒂芙尼珠宝公司的创始人。

★ 马戏团经营者费尼尔司·泰勒·巴纳姆和著名棒球运动员卢·格里克都是这个教会的成员。

问问建筑师！
彩色玻璃是在玻璃熔化时将不同金属的粉末添加到其中制成的。设计师先用铅条制作出图案，然后用彩色的液体玻璃填充。这些图案往往非常复杂且色彩丰富。

纽约历史学会大楼

中央公园西 170 号

建造年份

1908

建筑师

约克与索耶

（南、北侧楼由沃克和吉列于 1938 年设计）

风格

新古典主义 / 布杂派

材料

石灰石、铜质屋顶

纽约历史学会大楼是对称设计的完美典范。对称意味着两侧完全相同。

它模仿了古希腊庙宇中重复的、均匀的柱式和简单的装饰。

古希腊建筑中一种常用的雕刻装饰是回纹。

你能在建筑中找到它吗？

有时它们看起来像迷宫，正如纽约历史学会大楼上的回纹。其他的则以海洋中的形态为原型，像海浪或贝壳。

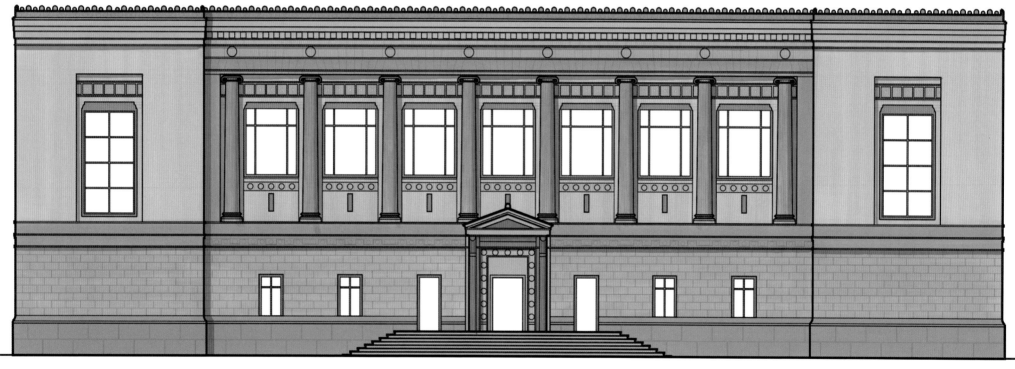

建筑元素

牛腿

齿形线脚

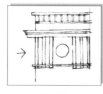

入口门

雕带

爱奥尼柱式

回纹

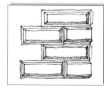

山墙

粗面石

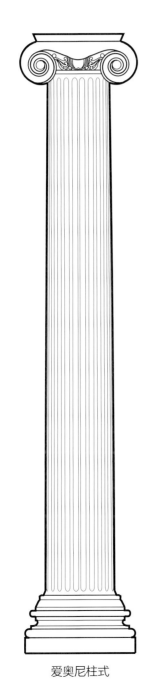

★ 纽约有着惊人的历史。在这座博物馆和图书馆里，存有来自著名城市建筑师的原始建筑图纸，这就是这里的特色。

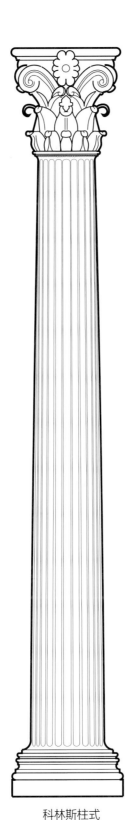

抬头看纽约历史学会大楼，看到排成行的柱子了吗？

★ 古典建筑中有三种主要的柱式类型。

多立克柱式

    一种简单的、没有柱础的柱式，柱头没有装饰。

爱奥尼柱式

    一种更高、更细的柱式。柱础很大，看起来像堆叠的圆环。柱头有涡卷形的装饰。

科林斯柱式

    最高、最具装饰性的柱式。柱础很大，柱头雕刻为树叶和涡卷形。

请设计你自己的
柱式。

多立克柱式   爱奥尼柱式   科林斯柱式   你自己的柱式

美国自然历史博物馆

西 77 街 1908 号

美国自然历史博物馆在西 77 街的入口非常长，因为这座建筑本身就足足有一整个街区那么长！

建造年份

1908

建筑师

卡迪、伯格与西

风格

新罗马式风格

材料

粗面褐砂石、花岗岩、页岩

建筑材料的纹理是增加建筑趣味性的一种方式。

弯曲和倾斜的线条，有装饰性纹理的石头，它们看起来各不相同且有趣。

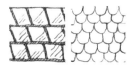

你也可以重复使用相同的形状，比如这座建筑有很多半圆形和其他曲线。

拱门、拱廊、圆锥形屋顶、穹顶，甚至是楼梯边沿的矮墙都是弯曲的。

建筑元素

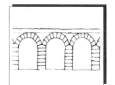

连拱

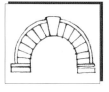

拱门

入口门

圆锥形屋顶

檐口

小圆顶

四坡屋顶

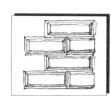

粗面石

抬头看美国自然历史博物馆。

请画出博物馆的入口的繁忙景象，
比如，络绎不绝的来访者
和人们正在搬运的有趣展品。

问问建筑师！
建筑的表面称为立面，
今天你将看到博物馆的三
个立面。实际上，整个美国
自然历史博物馆是由 25
座相互连接的建筑组
成的！

★ 历史上，马和马车由中央大拱门进入，
人们经由上方一排较小的拱门进入。一排
拱门叫作连拱。

科学研究表明，相比直线，人类本能
地更喜欢曲线。

你能在图中找到所有的曲线吗？

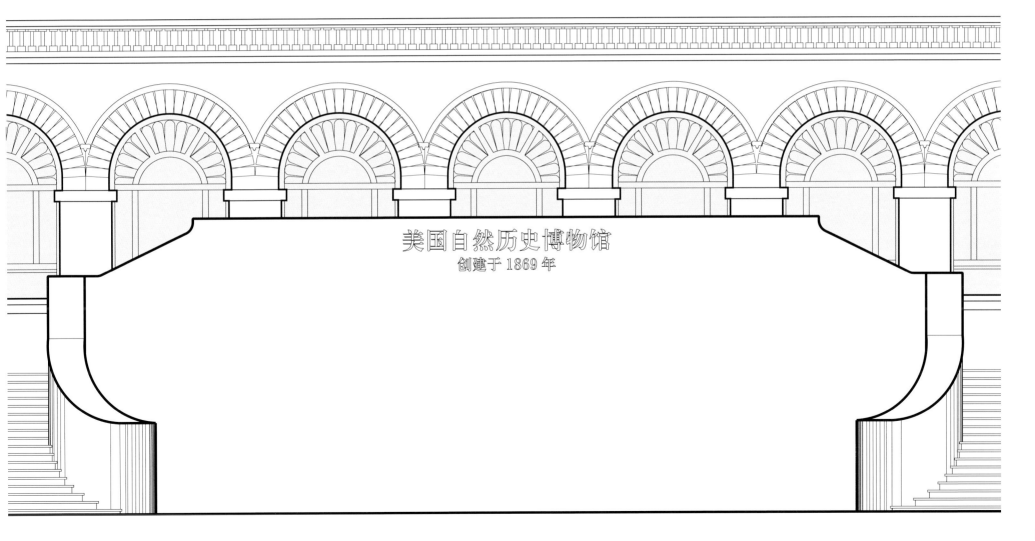

美国自然历史博物馆
创建于 1869 年

美国自然历史博物馆

西78街1935号

建筑上的一些设计，有的是起装饰作用，有的是讲述一个故事，还有的则是使我们对即将看到的内部有所了解。

美国自然历史博物馆在78街上的入口实现了以上三个功能。

"真理、知识、想象"被刻在石头上！

建筑顶部的雕塑都是美国重要的探险家：丹尼尔·布恩、约翰·詹姆斯·奥杜邦、威廉·克拉克和梅里韦瑟·刘易斯。

博物馆保存并展示着这些勇敢的探险家在冒险中发现的物品。

建造年份
1935

建筑师
特洛布里奇与利文斯顿、约翰·罗素·波普（西奥多·罗斯福纪念馆）

风格
布杂派

材料
花岗岩

雕带上展示了各种动物，就像你将在博物馆里面看到的展品一样。

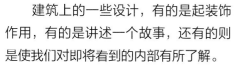

建筑元素

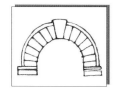
拱门

科林斯柱式

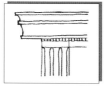
檐口

入口门

装饰性雕带

爱奥尼柱式

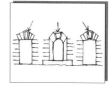
拱心石

雕塑

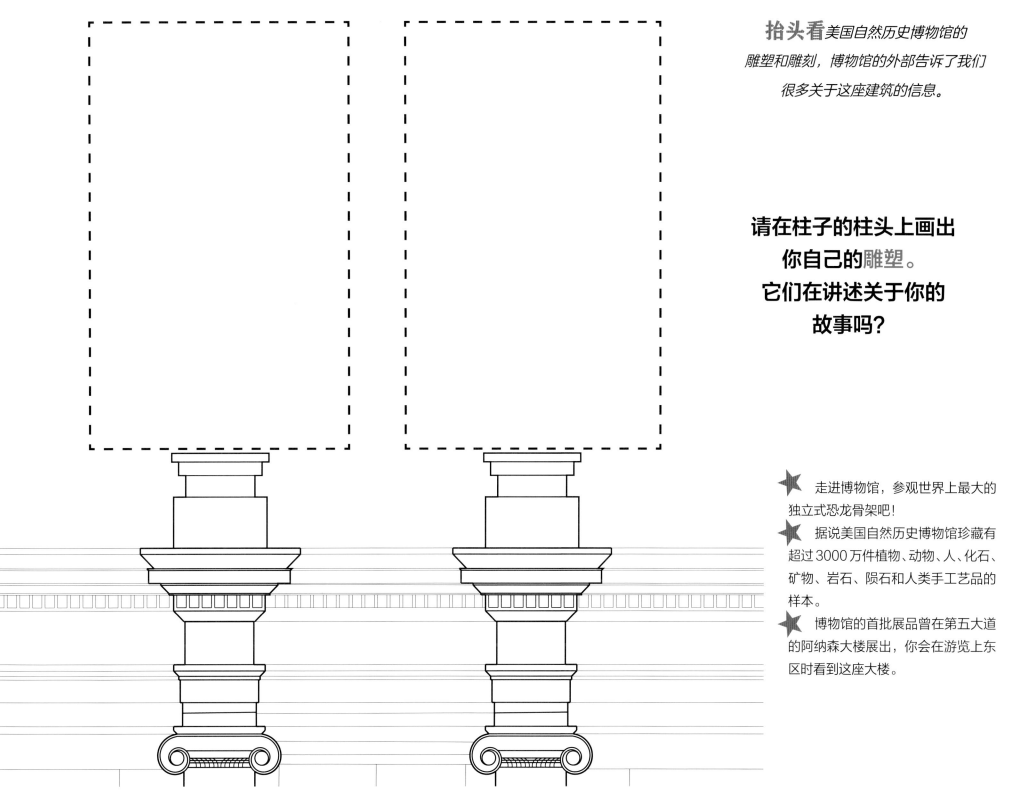

抬头看美国自然历史博物馆的
雕塑和雕刻，博物馆的外部告诉了我们
很多关于这座建筑的信息。

请在柱子的柱头上画出
你自己的雕塑。
它们在讲述关于你的
故事吗？

⭐ 走进博物馆，参观世界上最大的独立式恐龙骨架吧！

⭐ 据说美国自然历史博物馆珍藏有超过3000万件植物、动物、人、化石、矿物、岩石、陨石和人类手工艺品的样本。

⭐ 博物馆的首批展品曾在第五大道的阿纳森大楼展出，你会在游览上东区时看到这座大楼。

罗斯地球和空间中心（含海登天文馆）

西 81 街

现代主义建筑与我们刚才所看到的其他建筑风格有很大区别。

现代主义建筑去掉了传统建筑中的所有细节，这种风格的特征主要由建筑的材料、结构和建造方式来塑造。

建造年份

2000

建筑师

波尔谢克建筑事务所

风格

现代主义

材料

钢、玻璃、铜、石

你喜欢现代主义建筑吗？你最喜欢哪一种建筑风格？

这个玻璃立方体有六层楼高，你可以通过钢格网数一数楼层。

玻璃立方体中央的球体重达 2000 吨，内部是海登天文馆（即中央球体的上半部分）。

这种风格的灵感来自技术和建筑技艺的进步。玻璃用途大得很，可不只是用来做窗户。为什么钢梁要被藏起来呢？它们露出来被看到很酷呀！

钢梁

天文馆是可以看到太阳系模型的地方。在海登天文馆，你可以从各个角度了解恒星、行星和卫星。

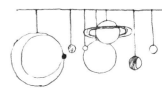

建筑元素

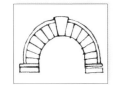

拱门

悬索体系

立方体

幕墙

玻璃肋

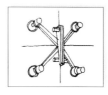

十字连接件

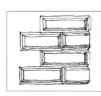

粗面石

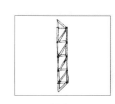

桁架

抬头看 *罗斯地球和空间中心。*

★ 建筑师詹姆斯·斯图尔特·波尔谢克将罗斯地球和空间中心描述为"宇宙的大教堂"。你会怎么描述它呢?

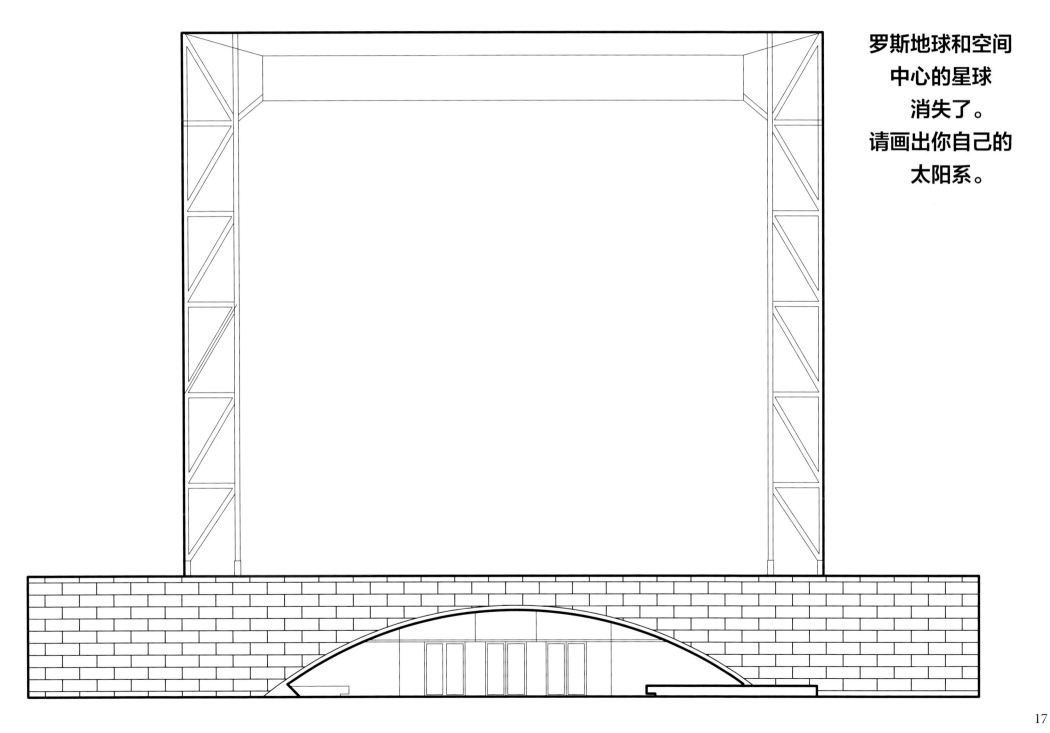

罗斯地球和空间
中心的星球
消失了。
请画出你自己的
太阳系。

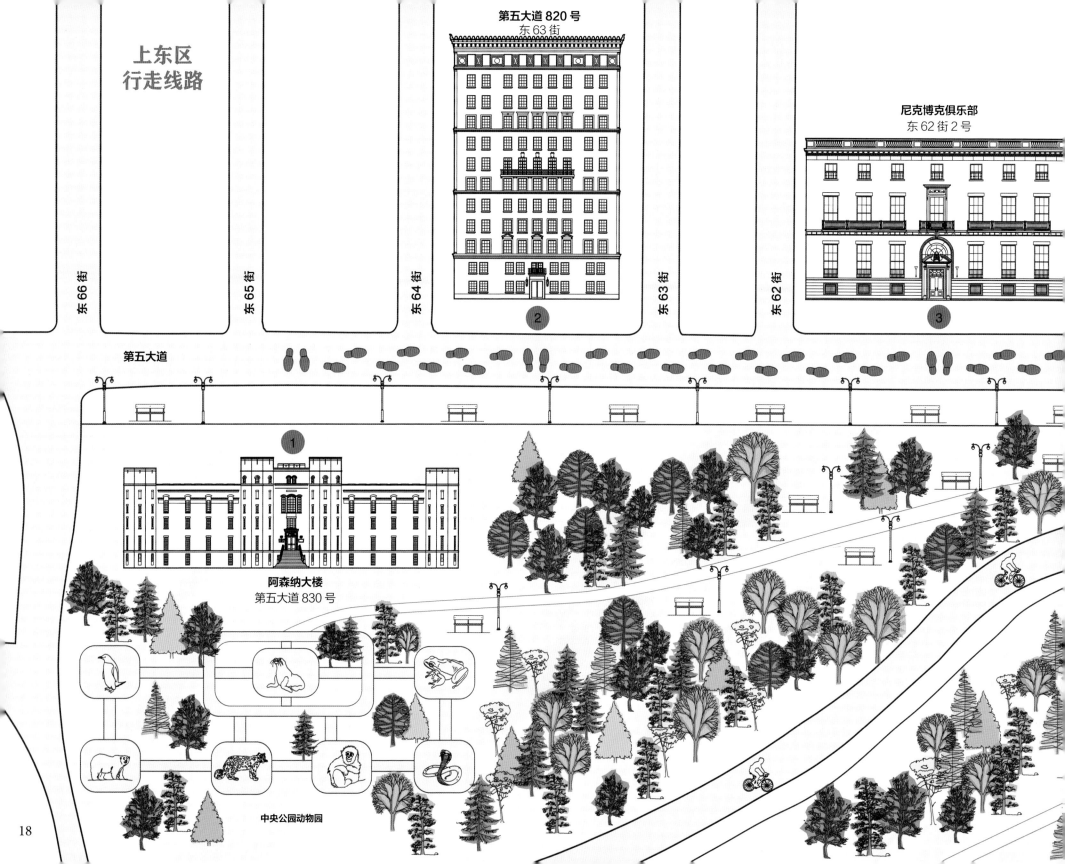

上东区
行走线路

第五大道820号
东63街

尼克博克俱乐部
东62街2号

东66街

东65街

东64街

②

东63街

东62街

③

第五大道

①

阿森纳大楼
第五大道830号

中央公园动物园

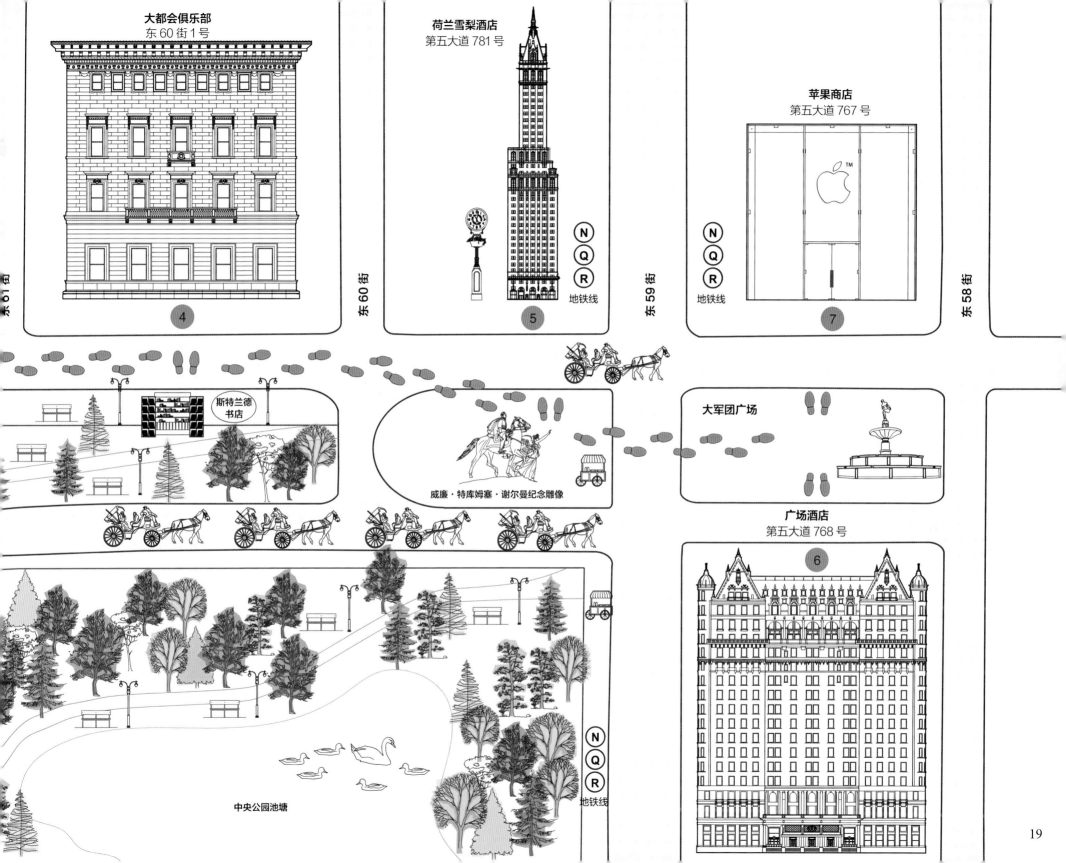

大都会俱乐部
东60街1号

④

东61街

荷兰雪梨酒店
第五大道781号

Ⓝ
Ⓠ
Ⓡ
地铁线

⑤

东60街

苹果商店
第五大道767号

Ⓝ
Ⓠ
Ⓡ
地铁线

东59街

⑦

东58街

斯特兰德
书店

威廉·特库姆塞·谢尔曼纪念雕像

大军团广场

广场酒店
第五大道768号

⑥

Ⓝ
Ⓠ
Ⓡ
地铁线

中央公园池塘

阿森纳大楼

第五大道 830 号

建造年份

1848

建筑师

马丁·汤普森

风格

新哥特式

材料

砖、石灰石

　　阿纳森大楼让你想起什么了吗？比如中世纪的堡垒？它最初是为存储纽约州民兵的武器和弹药而建造的。

　　不过，它被用作军火库的时间很短。1935年后，人们为了彰显建筑的历史，在入口处增加了步枪楼梯栏杆、鼓灯、十字剑等细节。

建筑上带有防御设计。这类建筑有时被称作军事建筑或防御性建筑。

角楼： 在这里能够发现远处的敌人。

雉堞： 使弓箭手能够从屋顶进行防御。

槽窗： 便于神枪手射击时获得掩护。

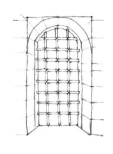

建筑内外的石墙、护城河、主入口的铁门也是防御性建筑的特征。

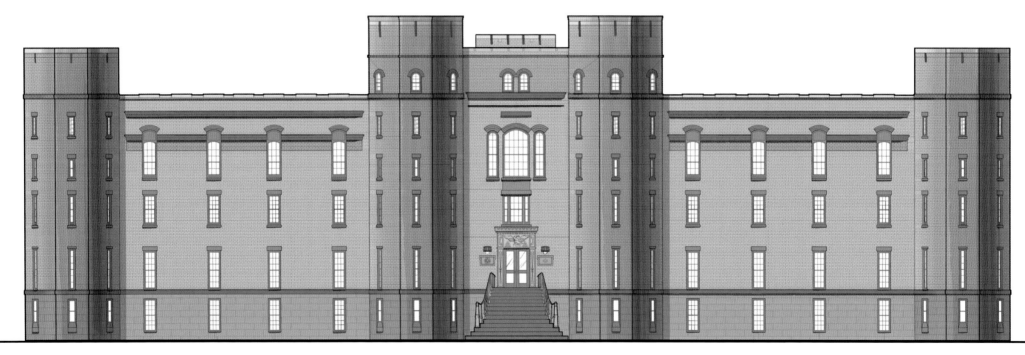

建筑元素

拱窗

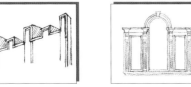
雉堞

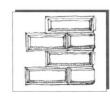
帕拉第奥式窗

粗面石

上下推拉窗

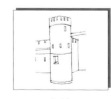
槽窗/箭缝

角楼

窗头

抬头看阿森纳大楼的入口。
即使已经不再用作军火库，
建筑的装饰元素也使我们想起它
特殊的历史。

请找到阿森纳大楼入口的
军事元素并上色。

⭐ 一只铸铁的美洲雕守卫着入口。自 1782 年以来，美洲雕成为美国国家的象征，也成为许多政府部门建筑的装饰物。

⭐ 阿森纳大楼内有古生物学者本杰明·沃特豪斯·霍金斯的工作室，他在这里为美国自然历史博物馆重建恐龙骨架。

⭐ 在 20 世纪初的修复过程中，人们竟然在建筑下方发现了一条秘密通道和地下温泉！

第五大道 820 号

东 63 街

第五大道 820 号是按照意大利文艺复兴时期宫殿风格建造的。那个时期，意大利的富裕人家造了许多宫殿，这一风格便由此而来。

这种风格恰好适合第五大道。这条路上建有一些美国最高级的公寓楼和酒店，因此这一片被称作"黄金海岸"。

建造年份

1916

建筑师

斯塔雷特与范·弗莱克

风格

意大利文艺复兴风格

材料

石灰石、铜

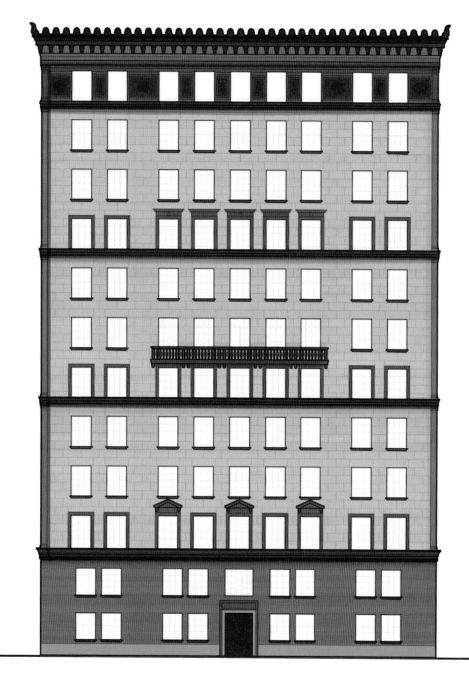

纽约上流人士在 20 世纪初才开始住公寓楼，他们原先大多数都住在豪华私人府邸。很多私人府邸仅留存了二三十年，随后为了给建公寓楼腾出空间而被拆除。

其中一座豪华府邸有 121 间客房、31 间浴室和一个私人地下铁路系统（用于输送煤炭来为房间供暖）！

是什么使第五大道 820 号如此高雅？是光滑的石灰石立面（建筑的表面），每个角部的纤细壁柱，整齐排列的窗户，精雕细琢的瓦当、垂花饰和线脚。这一切让它看起来富丽堂皇。

建筑元素

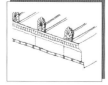	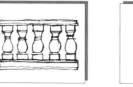		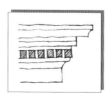		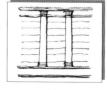	
瓦当	栏杆	卡图什	檐口	齿形线脚	山墙	壁柱	垂花饰

抬头看 *第五大道 820 号的屋顶。*

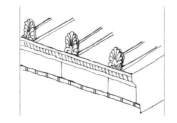

请为屋顶上的瓦当
设计新的纹样

**瓦当上雕刻的纹样可以是面部、花朵、贝壳和
你能想象到的任何形状。**

⭐ 瓦当是一种雕刻而成的装饰，它贴在屋顶瓦片的端头，以隐藏瓦片与屋顶的接缝。你在大都会博物馆内可以看到公元前 500 年的瓦当。

⭐ 有的瓦当是用石头雕刻出来的，而这里的都是由铜制成的。如果你已经游览过上西区，你可能还记得铜暴露在空气和水中会发生什么——它会改变颜色：从铜原本的颜色到灰色，再到你在第五大道 820 号屋顶上看到的青绿色。

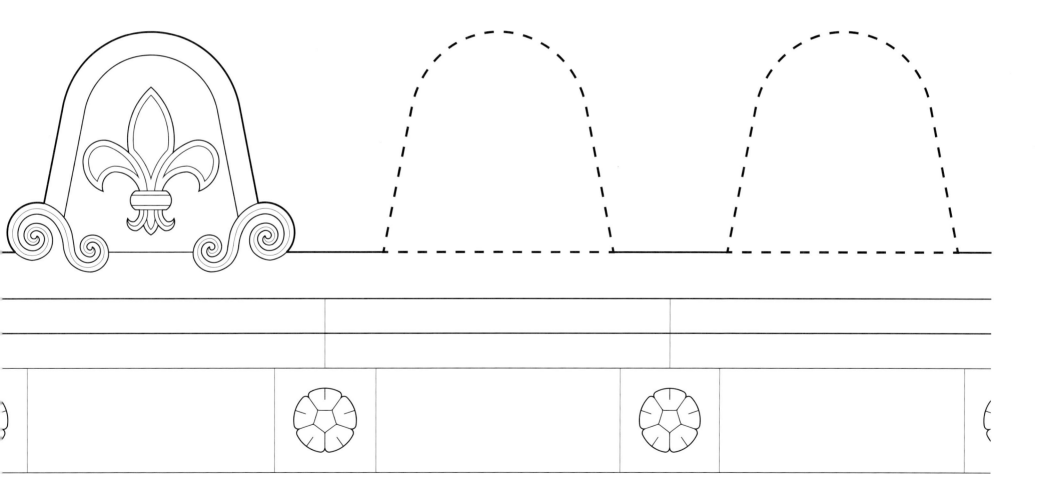

尼克博克俱乐部

东62街2号

尼克博克到底是什么？尼可博克人是指这样一类纽约人，他们的祖先是17世纪创建纽约的最初的荷兰定居者。

尼克博克指的是他们穿的裤子的款式，这种裤子膝盖下收紧。纽约尼克斯篮球队的名字就来源于尼克博克。

尼克博克俱乐部看起来更像曾排在第五大道两侧的那类宅邸。

它结合了不同的建筑风格，但看起来很像早期美国上流社会的住所——保守、对称、三层楼高，且有矩形格子窗。

尼克博克俱乐部的著名成员包括约翰·雅各布·阿斯特和富兰克林·德拉诺·罗斯福。甚至设计这座建筑的建筑师也是尼克博克俱乐部的成员。

这栋建筑最有趣的装饰元素之一是铁艺装饰。美丽的铁艺装饰遍布整座城市。

建造年份

1915

建筑师

德拉诺与奥尔德里奇

风格

殖民复兴风格

材料

石灰石、砖

建筑元素

拱窗

阳台

栏杆

牛腿

断拱

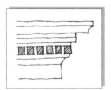
齿形线脚

上下推拉窗

窗头

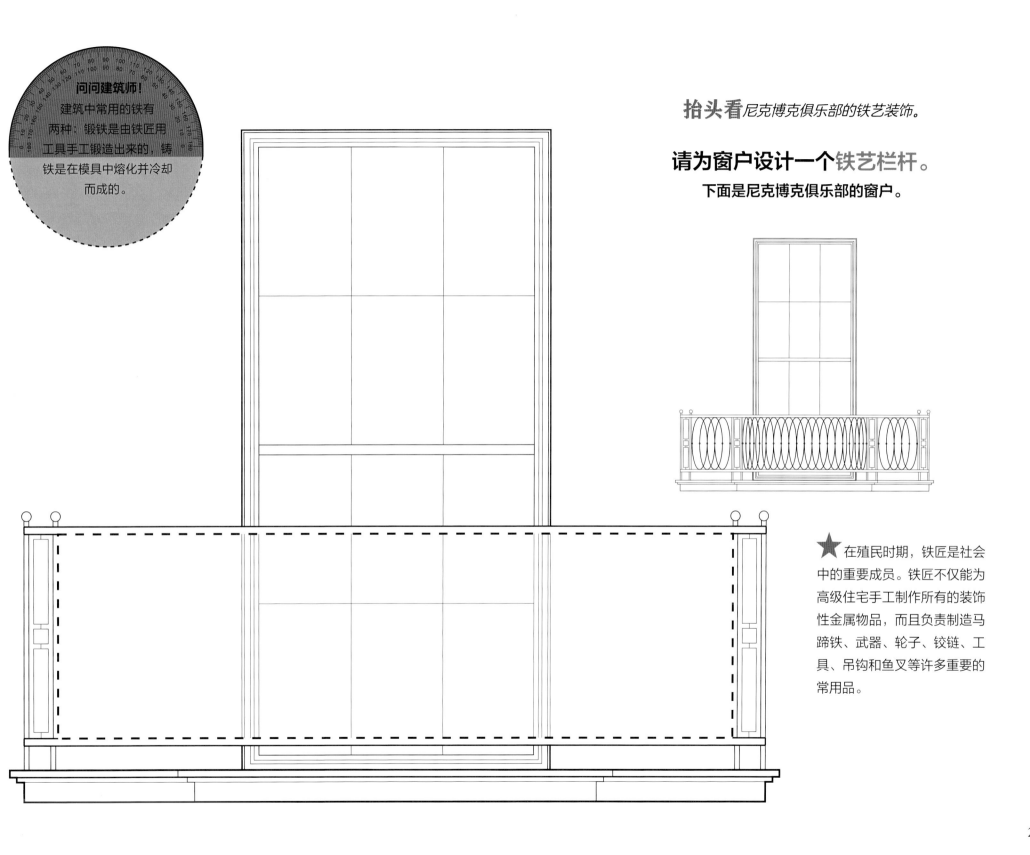

抬头看 尼克博克俱乐部的铁艺装饰。

请为窗户设计一个铁艺栏杆。

下面是尼克博克俱乐部的窗户。

★ 在殖民时期，铁匠是社会中的重要成员。铁匠不仅能为高级住宅手工制作所有的装饰性金属物品，而且负责制造马蹄铁、武器、轮子、铰链、工具、吊钩和鱼叉等许多重要的常用品。

大都会俱乐部

东60街1号

大都会俱乐部是另一座宫殿风格的建筑，它比第五大道820号更为奢华。它有精美的雕刻装饰和巨大的檐口，檐口伸出墙外将近2米。

像尼克博克俱乐部一样，大都会俱乐部是一个私人的社交俱乐部，它由著名金融家 J. P. 摩根于 1891 年创立。

建造年份

1894/ 东侧楼 1912

建筑师

麦金、米德与怀特

东侧楼由小奥格登·科德曼设计

风格

意大利文艺复兴风格

材料

石灰石、铜

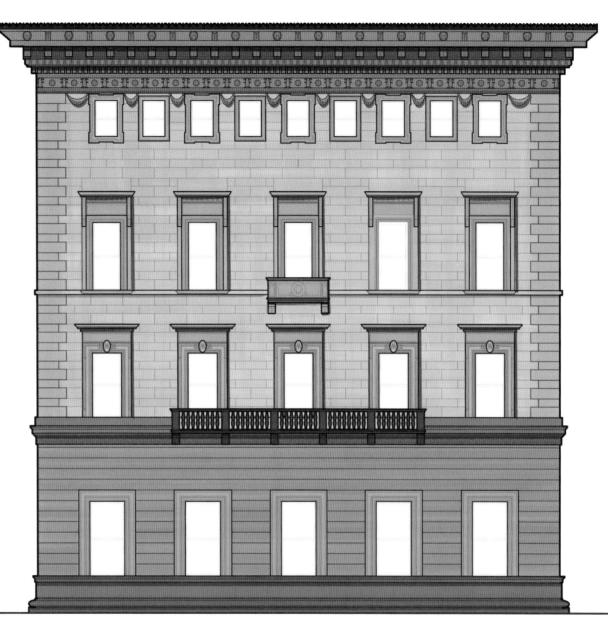

檐口是一种水平的壁架，从屋顶向外伸出。正如你在这幅图看到的一样，檐口通常雕刻得非常细致，以作为装饰。它们还有保护建筑外墙不受雨、雪和冰损害的作用。

在建筑内部，你还能看到其他类型的檐口。

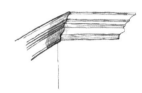

它们可以作为天花板下的装饰线脚。

或作为门、窗的横梁。

建筑元素

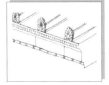

瓦当

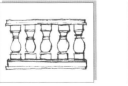

栏杆

牛腿

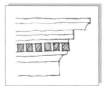

檐口

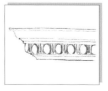

齿形线脚

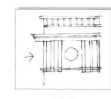

蛋形和镖形线脚

雕带

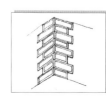

隅石砌

抬头看 大都会俱乐部檐口下的雕刻线脚，有几种不同的设计：
蛋形与镖形的组合，齿形，以及一种花朵图案。

请设计你自己的图案来装饰这栋建筑。

看看大都会俱乐部的花纹图案。
发挥想象力创造有趣的图案吧！

问问建筑师！
石灰石已经在建筑
中使用了 5000 多年。
除了美观外，它还光滑
耐用，与装饰性的雕刻
元素非常搭配。

★ 蛋形、镖形与齿形线脚是古希腊和古罗马建筑常用的传统线脚。你可以在纽约乃至世界各地的许多建筑上看到它们。你在这栋建筑上看到的花朵形状的线脚是为了赋予它独特的外观而专门设计的。

荷兰雪梨酒店
第五大道 781 号

石像鬼!

荷兰雪梨酒店是一栋哥特式的摩天大楼，它有神秘的深色砖块、狮身鹰首兽状的灯笼，以及一个直插云天的铜尖顶。

尽管与纽约一些较新的建筑相比，荷兰雪梨酒店看起来不算高，但它于 1927 年建造完成时，曾是纽约最高的公寓酒店，也是最早的钢结构建筑之一。

建造年份

1927

建筑师

舒尔茨与韦弗及布赫曼与卡恩

风格

哥特式

法国文艺复兴风格

材料

砖、铜

在荷兰雪梨酒店的建造过程中，塔楼周围的木制脚手架发生了可怕的火灾，消防员必须找到新的方式来扑灭这种高楼的大火。于是，人们开始将脚手架由木头改为金属材质。

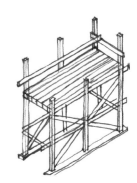

石像鬼可以使排出的雨水远离外墙墙面，从而保护建筑的墙面和基础。

檐沟被发明后，建筑师仍然使用石像鬼作为装饰——人们认为石像鬼能够吓跑恶魔。

建筑元素

拱窗

栏杆

双叶窗

牛腿

石像鬼

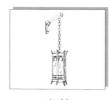

灯笼

山墙

尖顶

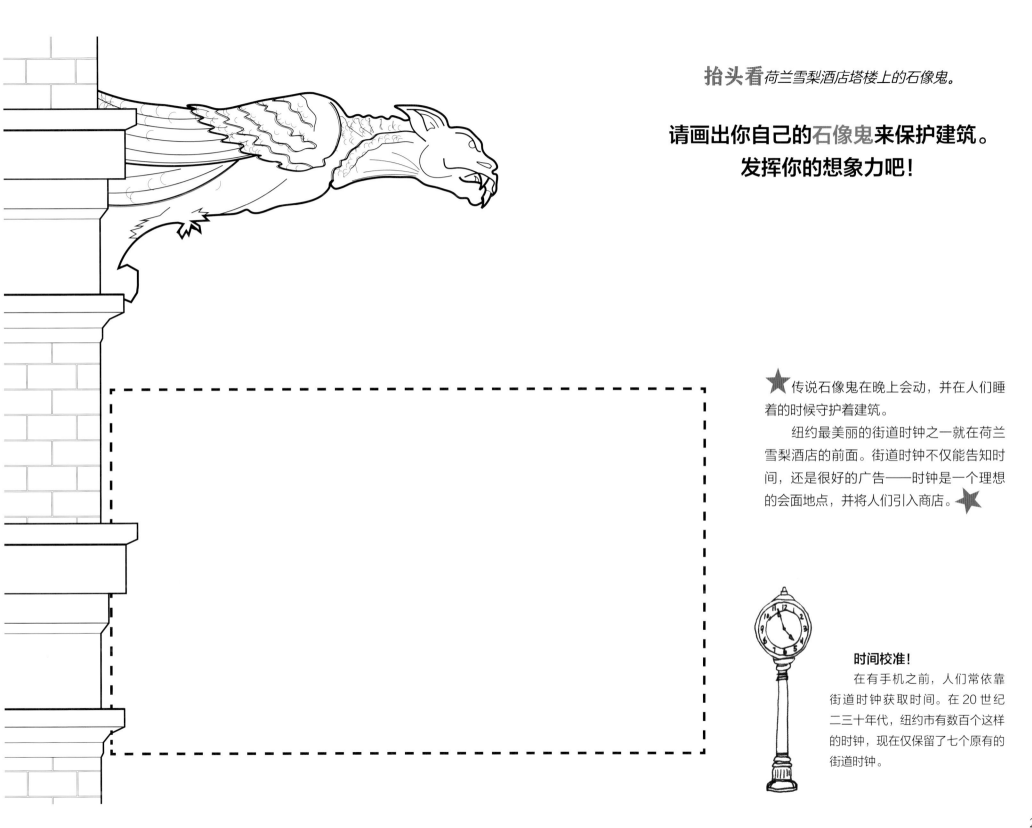

抬头看荷兰雪梨酒店塔楼上的石像鬼。

请画出你自己的石像鬼来保护建筑。
发挥你的想象力吧！

★ 传说石像鬼在晚上会动，并在人们睡着的时候守护着建筑。

纽约最美丽的街道时钟之一就在荷兰雪梨酒店的前面。街道时钟不仅能告知时间，还是很好的广告——时钟是一个理想的会面地点，并将人们引入商店。★

时间校准！

在有手机之前，人们常依靠街道时钟获取时间。在 20 世纪二三十年代，纽约市有数百个这样的时钟，现在仅保留了七个原有的街道时钟。

广场酒店

第五大道 768 号

广场酒店是纽约市最著名的建筑之一，它与上西区游览中的达科塔大楼是同一位建筑师设计的。广场酒店看上去像法国城堡（château），就是那种法国大型乡间别墅。

1907 年酒店开业时，这片区域已成为纽约市最独特的街区之一，第五大道两侧的私人豪宅和奢侈的公寓楼鳞次栉比。广场酒店就是为接待最高贵的访客而建造的。

建造年份

1907

建筑师

亨利·哈登堡

风格

法兰西第二帝国风格

（巴洛克风格）

材料

琉璃砖、铜质屋顶

广场酒店是小艾系列故事发生的舞台。"小艾来了系列"丛书是由凯·汤普森所著、希拉里·奈特绘制插图的儿童读物。在酒店内部，你会看到小艾主题套房，你可以在棕榈阁喝一杯小艾主题下午茶。

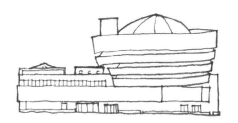

著名建筑师弗兰克·劳埃德·赖特在设计古根海姆博物馆时，将广场酒店作为他的工作地。

建筑元素

拱窗

穹顶

多立克柱式

雕带

回纹

孟莎式屋顶

壁柱

角楼

抬头看广场酒店精致华美的门面，这里有红色地毯、金色装饰、彩色玻璃窗和彩旗。

★ 广场酒店外的旗帜会在城市举行不同的庆典或酒店有特殊的客人到访时有所改变，美国国旗和广场酒店的标志始终悬挂着。

请为你自己的酒店设计旗帜。

★ 一则广场酒店的旧广告说："广场酒店里发生的事没有一件是不重要的。"

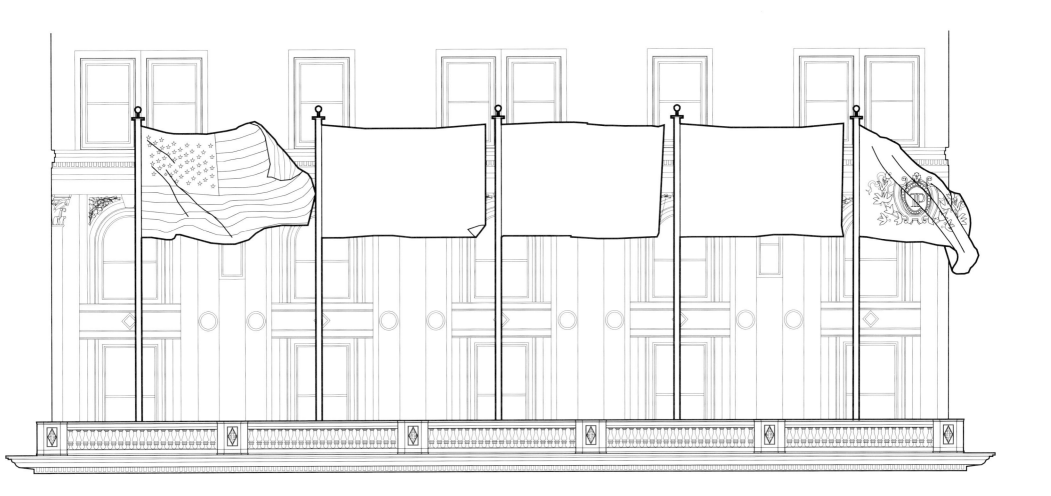

苹果商店

第五大道 767 号

苹果商店是上东区行走线路中唯一的现代主义建筑案例。现代主义建筑几乎没有什么装饰，因此我们会关注建筑材料本身。这个案例的建筑材料是玻璃。

建造年份

2006

建筑师

伯纳德 · 西温斯基 · 杰克逊

风格

现代主义

材料

玻璃

这个玻璃立方体完全是自承重的，没有任何钢结构。

拥有专利的玻璃旋转楼梯位于一个玻璃圆柱体内，它将顾客吸引到可以看到所有产品的主楼层。

你在苹果商店及其产品上看到的苹果图案是苹果公司的注册商标。

建筑元素

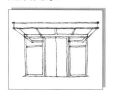

雨篷

立方体

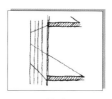

幕墙

玻璃梁

玻璃龙骨卡

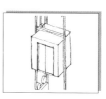

玻璃电梯

玻璃肋

旋转楼梯

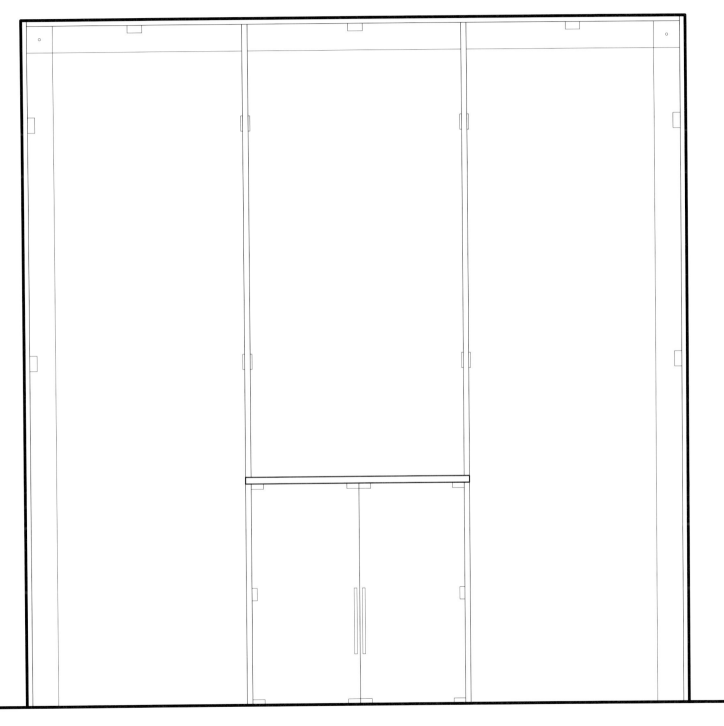

抬头看悬浮在苹果商店内的苹果商标。商标是识别一个公司或产品的符号或设计，它应该醒目且具有吸引力，以便人们记住它。

请为商店设计你自己的商标。

可以用有趣的方式写出你的名字，或者用对你有特殊意义的颜色或符号，也可以是这三者的结合！

将商标放置在建筑周围通常是建筑设计师的工作。而商标本身通常由平面设计师设计。平面设计师的工作是为公司或产品设计出特色鲜明的形象。

苹果商标是有史以来最知名的商标之一。

你最喜欢的商标是什么呢？

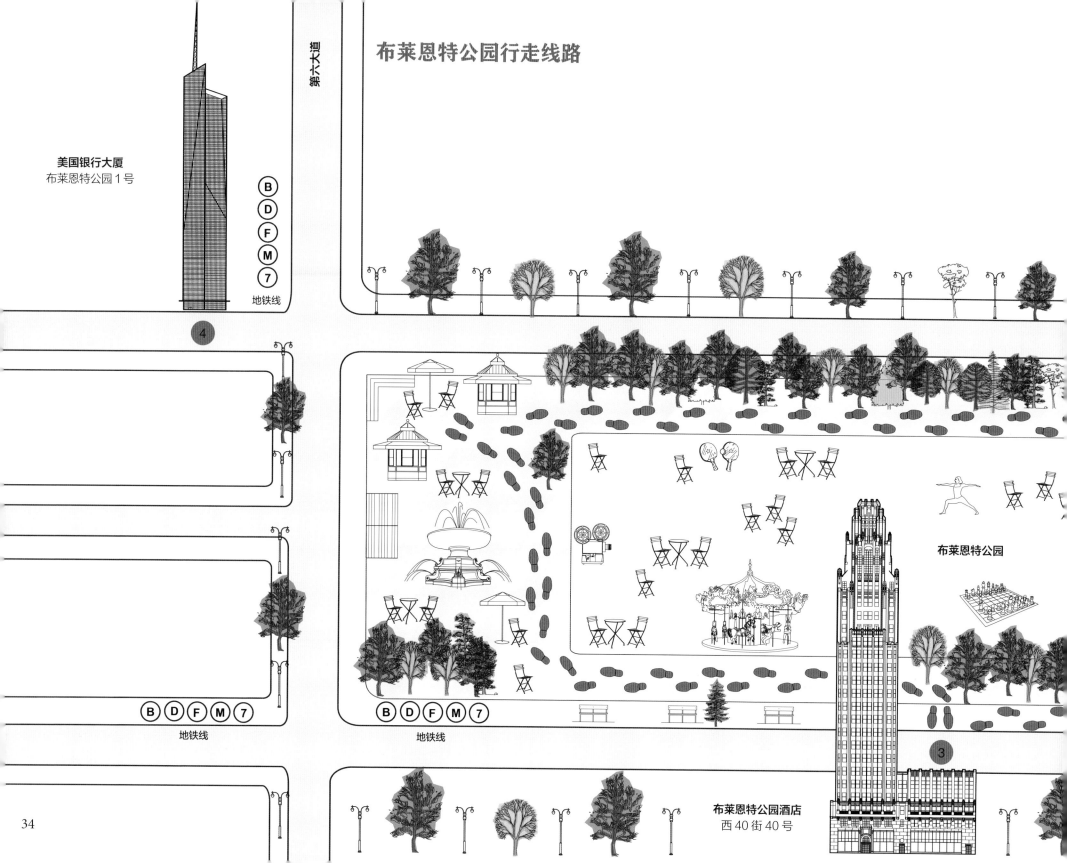

布莱恩特公园行走线路

美国银行大厦
布莱恩特公园1号

第六大道

B
D
F
M
7
地铁线

4

B D F M 7
地铁线

B D F M 7
地铁线

布莱恩特公园

3

布莱恩特公园酒店
西40街40号

34

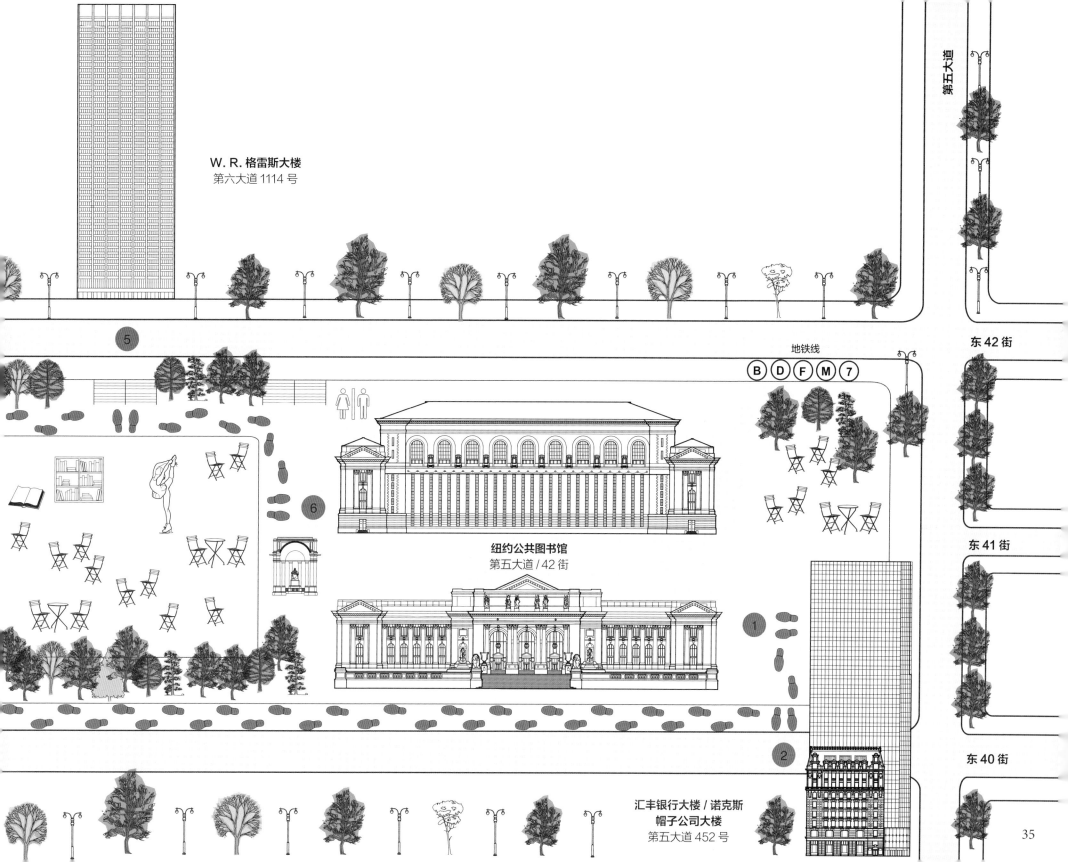

W. R. 格雷斯大楼
第六大道 1114 号

⑤

地铁线

Ⓑ Ⓓ Ⓕ Ⓜ ⑦

纽约公共图书馆
第五大道 / 42 街

①

②

汇丰银行大楼 / 诺克斯
帽子公司大楼
第五大道 452 号

⑥

第五大道

东 42 街

东 41 街

东 40 街

纽约公共图书馆（正立面）

第五大道 / 42 街

建造年份

1898—1911

建筑师

卡雷尔与黑斯廷斯

风格

布杂派

材料

花岗岩、大理石

这座建筑被称为"人民的宫殿"。纽约公共图书馆的主楼代表了纽约市的精神，无论贫富，所有市民都应该能够享有美丽的公共场所。

图书馆有总长 75 英里（约 120.7 千米）的书架，光是把所有的书摆好就用了一整年的时间。

1911 年开放之日，近 5 万人访问了这座图书馆。公共阅览室长将近 300 英尺（91.44 米）。图书馆有 1800 万本图书储存在布莱恩特公园的地下。

图书馆的狮子

图书馆门口两只著名的石狮子是由爱德华·克拉克·波特雕刻而成的，它们最初被图书馆的创建者命名为"阿斯特狮"和"莱努克斯狮"，20 世纪 30 年代，纽约市市长将其改名为"忍耐"和"坚强"。

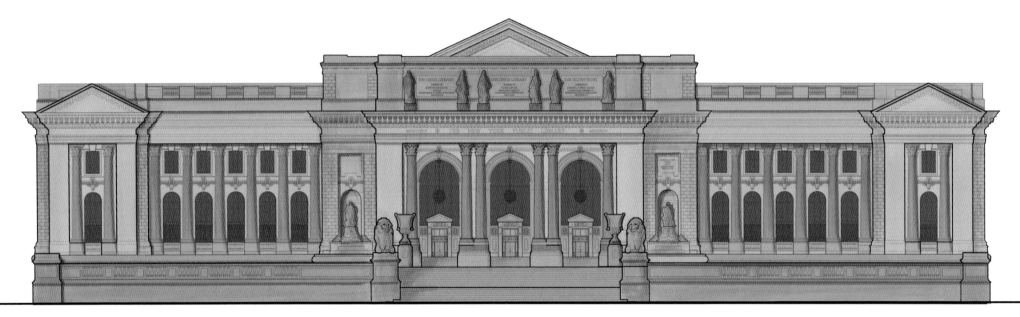

建筑元素

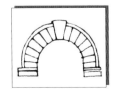

拱

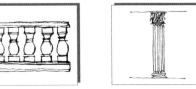

栏杆

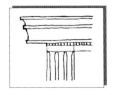

科林斯柱式

檐口

装饰性雕带

龛

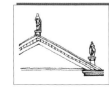

山墙

雕塑

抬头看图书馆在第五大道上的入口。图书馆入口处的雕塑意在欢迎到访者发现馆内的宝藏。

**请在龛内
画一个你设计的雕塑，
用来欢迎
来到图书馆的访客。**

⭐出生于布鲁克林的艺术家弗雷德里克·威廉·麦克蒙妮斯在图书馆入口的龛内设计了喷泉和人形的雕刻，它们被称为"真理"和"美丽"。

喷泉曾经停用了 30 多年，在 2015 年恢复使用。⭐

问问建筑师！
在自然界中，石灰石受热或受压会形成大理石。矿物质发生化学变化并形成你在表层看到的图案。图书馆的大理石来自佛蒙特州，厚度为 3 英尺（91.44 厘米）。

汇丰银行大楼 / 诺克斯帽子公司大楼

第五大道 452 号

汇丰银行大楼建在诺克斯帽子公司大楼旁。诺克斯帽子公司大楼是纽约市的一个地标，设计银行大楼的建筑师希望保留这栋历史建筑。

建造年份

诺克斯帽子公司大楼 1902

建筑师

约翰·邓肯

风格

布杂派

材料

石灰石、铜

建造年份

汇丰银行大楼 1983

建筑师

阿迪亚与珀金斯

风格

后现代主义

材料

玻璃、钢

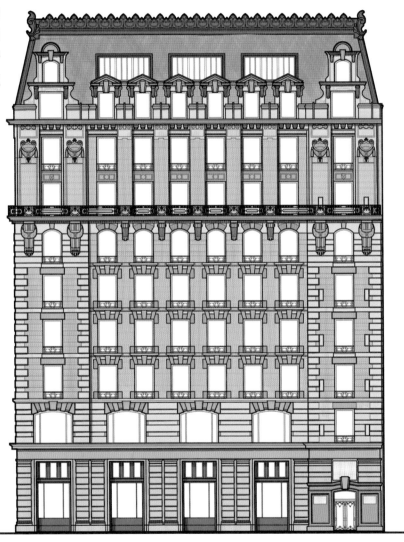

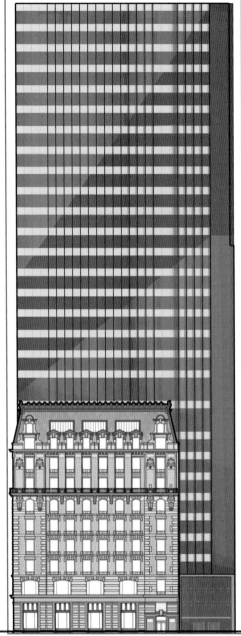

建筑师希望新建筑成为旧建筑的背景，以向旧建筑致敬。新建筑的塔楼仿佛诺克斯大楼背后的玻璃幕布。

有另外的两栋建筑也建造为玻璃塔楼的形式！转过街角，沿着第五大道继续欣赏吧。

诺克斯帽子公司大楼是诺克斯帽子公司的总部。从 1838 年直至 20 世纪 60 年代，诺克斯帽子公司是纽约最大、最成功的帽子公司之一。（可惜）后来这种礼帽过时了。

建筑元素

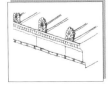

瓦当

牛腿

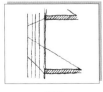

幕墙

老虎窗

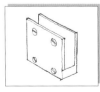

玻璃龙骨卡

窗棂

隅石砌

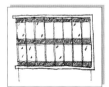

窗槛墙

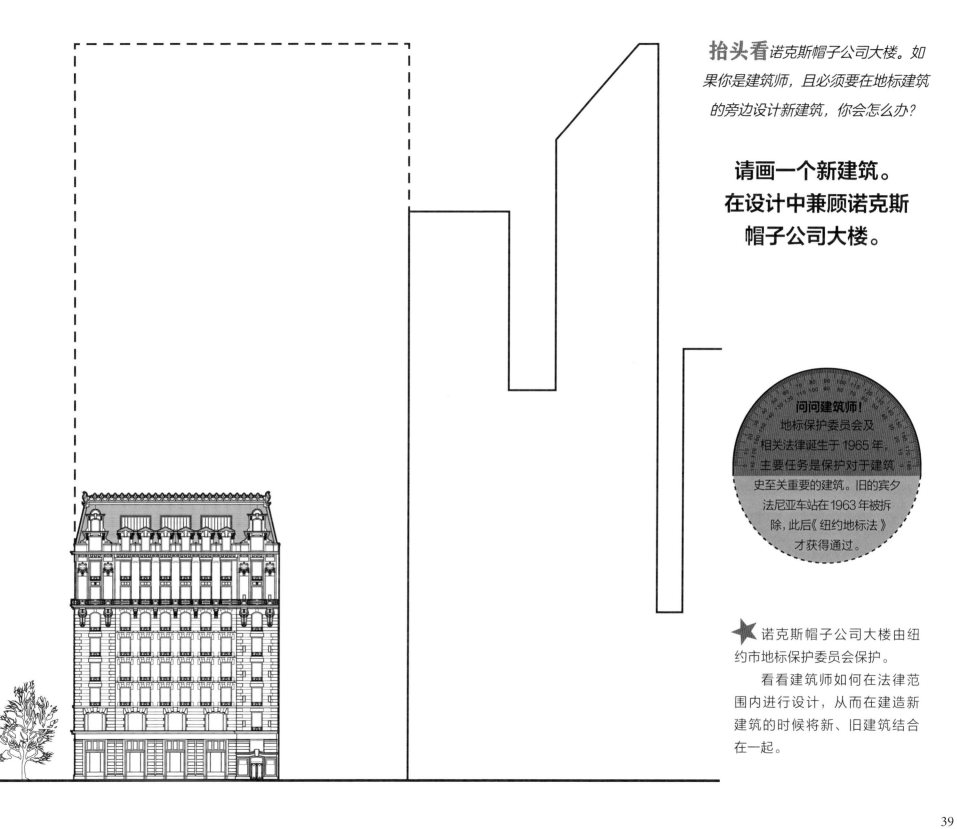

抬头看诺克斯帽子公司大楼。如果你是建筑师，且必须要在地标建筑的旁边设计新建筑，你会怎么办？

请画一个新建筑。在设计中兼顾诺克斯帽子公司大楼。

问问建筑师！
地标保护委员会及相关法律诞生于 1965 年，主要任务是保护对于建筑史至关重要的建筑。旧的宾夕法尼亚车站在 1963 年被拆除，此后《纽约地标法》才获得通过。

⭐ 诺克斯帽子公司大楼由纽约市地标保护委员会保护。

看看建筑师如何在法律范围内进行设计，从而在建造新建筑的时候将新、旧建筑结合在一起。

布莱恩特公园酒店

西 40 街 40 号

引人注目的布莱恩特公园酒店最初是美国散热器公司总部，曾经被称为美国散热器公司大楼。

鲜明的色彩让这栋建筑脱颖而出。

黑砖似煤，金陶像火，这些建筑材料完美地代表了散热器公司——煤和火为散热器提供了热量。

建造年份

1924

建筑师

胡德与福伊洛克斯

风格

装饰艺术风格

材料

砖、陶土

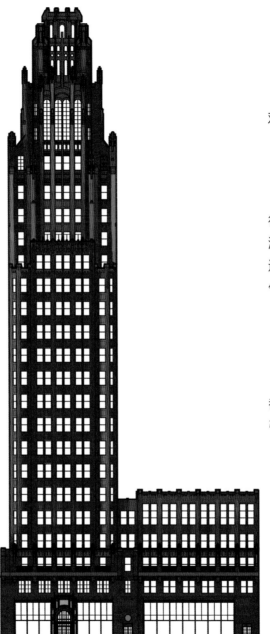

建筑师们喜欢深色砖，因为它们的颜色和窗户对比不明显。这使建筑看起来更坚固。

这是 1916 年新的分区法施行后建造的第一批建筑之一。法律要求高层建筑必须从街道退让，以便更多光线和新鲜空气进入。

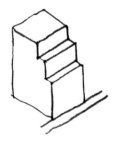

每一层退让都用金色陶土强调，塔顶部分几乎都是金色。建筑师利用退让的规则来强化设计，并引起人们对金色装饰的关注。

散热器公司大楼是纽约市第一栋具有强大户外照明功能的超高层建筑。较高的楼层在夜晚会发光，它的视觉效果启发艺术家乔治亚·奥基夫于 1927 年创作了绘画《散热器大楼之夜》。

建筑元素

拱窗

牛腿

装饰性雕带

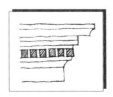

齿形线脚

入口

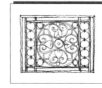

铁艺护栏

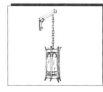

灯笼

塔楼

抬头看布莱恩特公园酒店。大楼的入口曾经是美国散热器公司的陈列室，现在它是一家美丽酒店的前厅。

透过玻璃你会看到什么？
请发挥你的想象力！

问问建筑师！
砖是黏土和页岩的混合物在高达一千多摄氏度的窑炉中烧制而成的。矿物融合在一起，生成美观、耐用的建筑材料。可以用黏土中的矿物质制成不同颜色的砖，也可以在砖烧制之前或之后涂上一层颜料。

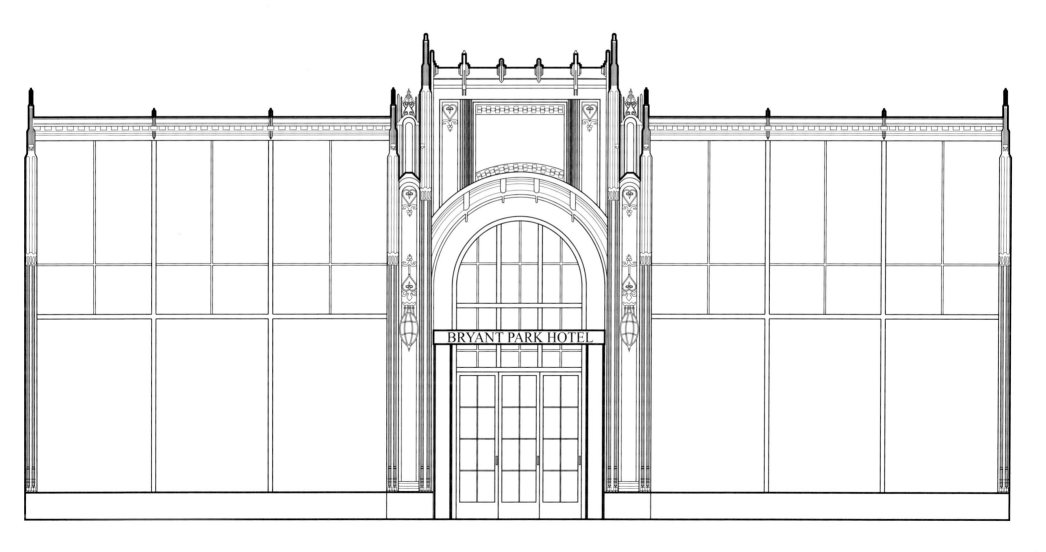

BRYANT PARK HOTEL

美国银行大厦

布莱恩特公园1号

美国银行大厦是一个特别的超高层建筑。它不仅是纽约市最高的建筑之一，还是首个获得绿色建筑最高荣誉的超高层建筑。

该建筑被美国绿色建筑委员会授予能源与环境设计领导力白金认证。

建造年份

2009

建筑师

库克与福克斯

风格

后现代主义

材料

钢、玻璃

什么是绿色建筑？

它意味着建筑的设计方式更适合我们的环境。它使用可再生材料，并寻找减少资源使用的方法。绿色建筑的另一个名字是"可持续设计"。

绿色建筑也意味着建筑物对在其中工作的人们来说更健康。大量的窗户提供充足的光线和新鲜空气，优雅的公共区域可用于休息，也可在此欣赏公园的风景。

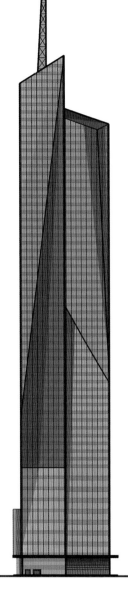

使建筑**"绿色"**的一些方式

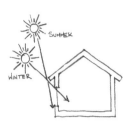

★ 使用回收的或可回收的材料

★ 过滤进入建筑的空气

★ 采用日光照明策略，通过阳光照亮空间来节省能源

★ 窗户玻璃上装有隔热层，但仍能最大限度利用光线

★ 安装废水系统，回收利用雨水

★ 绿色屋顶将氧气释放到空气中，并为城市提供自然风景

建筑元素

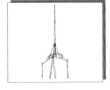   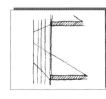   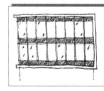 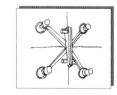

尖塔　　　雨篷　　　混凝土柱　　　幕墙　　　金属肋　　　窗棂　　　窗槛墙　　　十字连接件

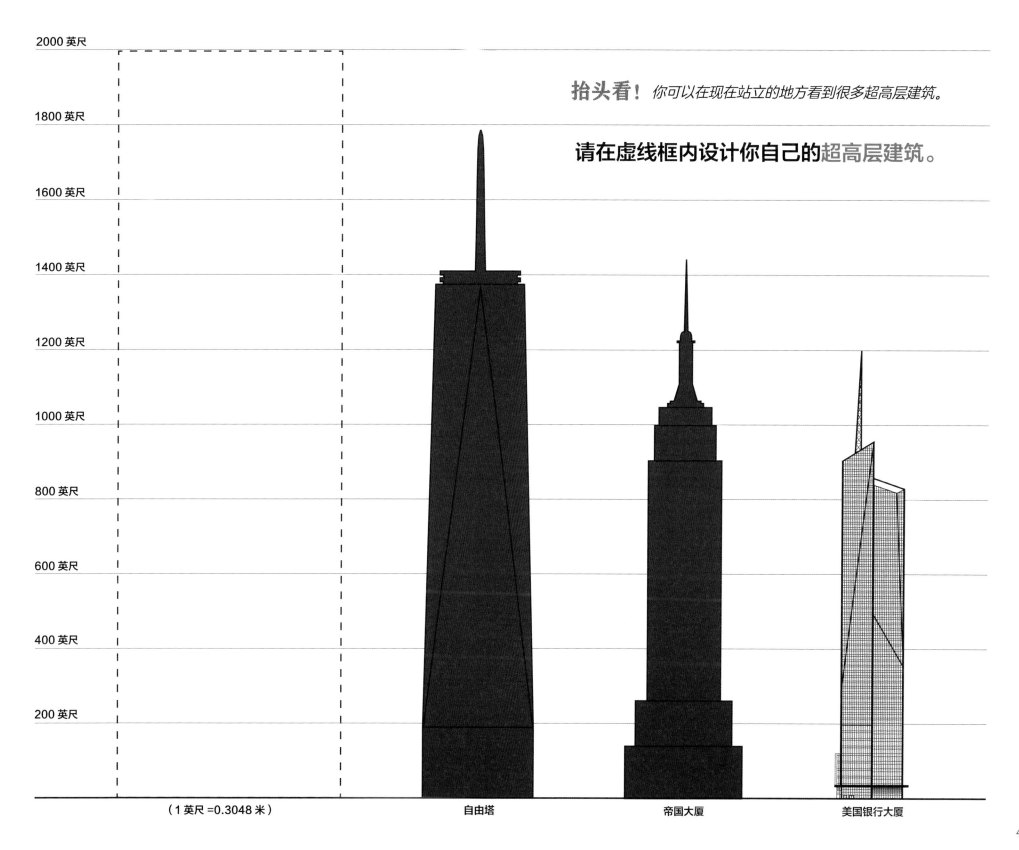

抬头看! *你可以在现在站立的地方看到很多超高层建筑。*

请在虚线框内设计你自己的超高层建筑。

2000 英尺

1800 英尺

1600 英尺

1400 英尺

1200 英尺

1000 英尺

800 英尺

600 英尺

400 英尺

200 英尺

（1 英尺 =0.3048 米）

自由塔

帝国大厦

美国银行大厦

W. R. 格雷斯大楼

第六大道 1114 号

W. R. 格雷斯大楼非常有创意地满足了建筑退让要求，你看到了吗？

随着高度的增加，楼体向内弯曲，楼层越高，距离街道越远。

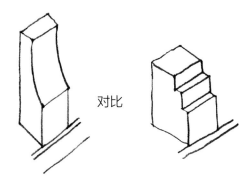

对比

建造年份

1974

建筑师

斯基德莫尔、奥因斯与美林

风格

现代主义

材料

石灰华

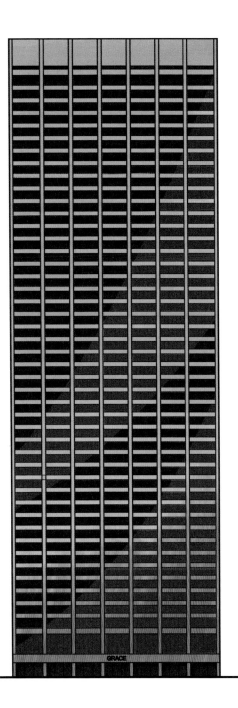

先睹为快！

站在第五大道和 42 街的拐角处，沿着 42 街向东看，就可以欣赏著名的克莱斯勒大厦。

和你看到的其他现代主义建筑不同，这栋建筑是由石灰华建成的。石灰华类似于石灰石，但它是由矿床产生的。沉积物使它更粗糙、多孔，而不是像石灰石一样光滑。它是罗马帝国最早使用的建筑石材之一。

白色的石灰华与深色的窗户形成对比，这种对比使 W.R. 格雷斯大楼看起来比其他建筑更轻盈。这种效果与布莱恩特公园酒店的窗户和黑砖之间的对比恰好相反。

世界上由石灰华建造的最大的建筑是罗马竞技场。

建筑元素

雨棚

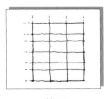

幕墙

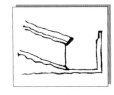

格网

檐沟

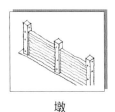

窗棂

墩

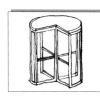

广场

旋转门

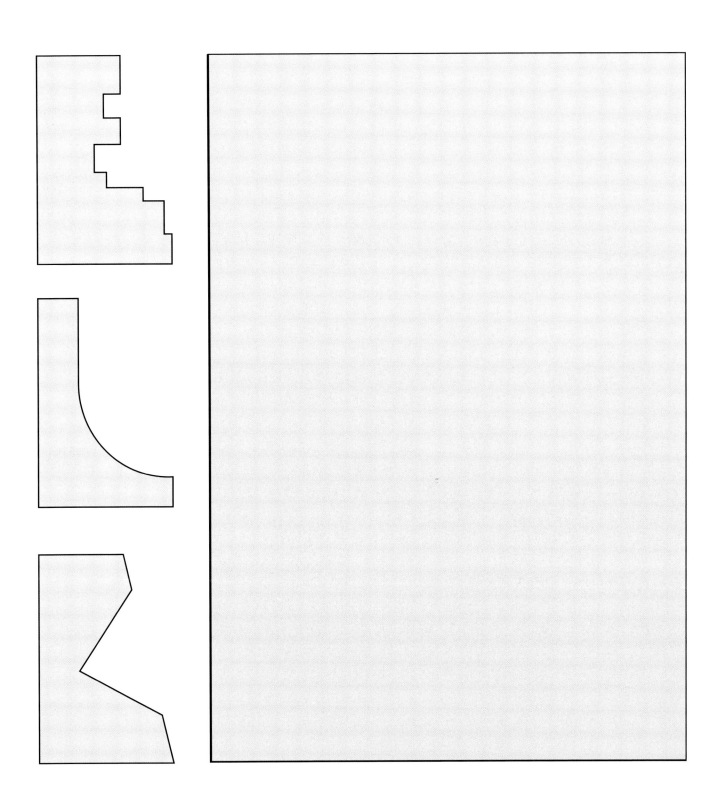

抬头看 *W.R. 格雷斯大楼。*

当你观察 W.R. 格雷斯大楼的正立面时，它看起来像一个普通的矩形建筑物，有些无聊……但是当你从侧立面观察它时，你会发现它的特别之处。它像一个巨大的滑梯一样俯冲下来。

看看这里绘制的有趣的侧立面。哪一个是 W. R. 格雷斯大楼的侧立面？请为自己的建筑设计一个有趣的侧立面。

纽约公共图书馆（后立面）

第五大道 / 42 街

建造年份

1898—1911

建筑师

卡雷尔与黑斯廷斯

风格

布杂派

材料

花岗岩、大理石

图书馆大楼的背部面向一个公共空间——布莱恩特公园。图书馆背面的设计与正面入口一样认真。

对建筑所有立面都精心设计在当时是种新的做法。许多建筑有气派的门面，但是建筑背面从大街上看不到，通常都很朴素。

该图书馆建于 1899 年被拆除的巴豆水库遗址上。水库蓄水，并被高高的石墙包围。人们可以在墙顶部的人行道上漫步，欣赏城市的美景。

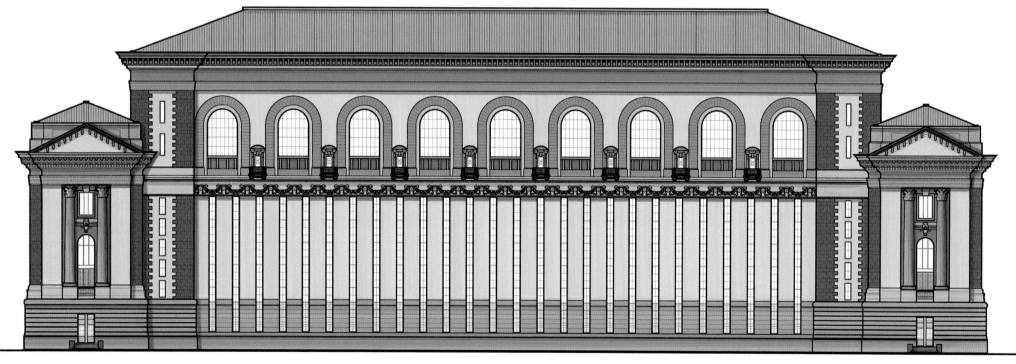

建筑元素

拱窗

阳台

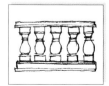

栏杆

装饰性雕带

齿形线脚

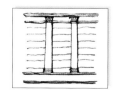

壁柱

隅石砌

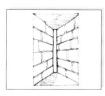

槽窗

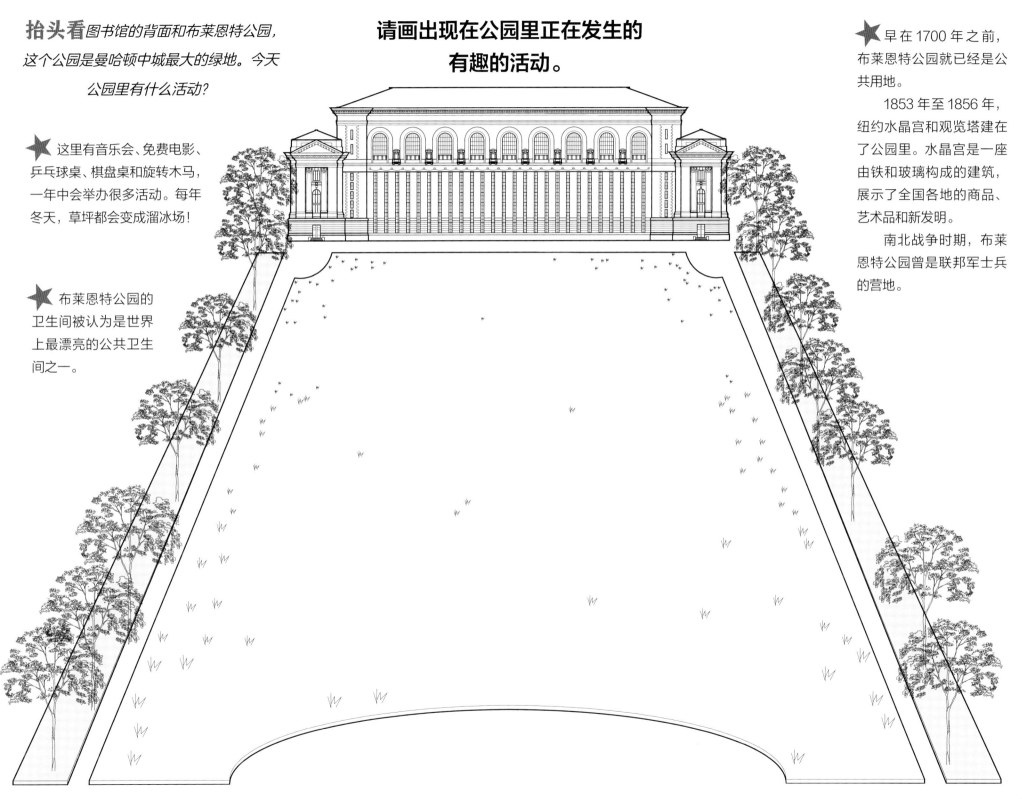

抬头看图书馆的背面和布莱恩特公园，这个公园是曼哈顿中城最大的绿地。今天公园里有什么活动？

★ 这里有音乐会、免费电影、乒乓球桌、棋盘桌和旋转木马，一年中会举办很多活动。每年冬天，草坪都会变成溜冰场！

★ 布莱恩特公园的卫生间被认为是世界上最漂亮的公共卫生间之一。

请画出现在公园里正在发生的有趣的活动。

★ 早在 1700 年之前，布莱恩特公园就已经是公共用地。

1853 年至 1856 年，纽约水晶宫和观览塔建在了公园里。水晶宫是一座由铁和玻璃构成的建筑，展示了全国各地的商品、艺术品和新发明。

南北战争时期，布莱恩特公园曾是联邦军士兵的营地。

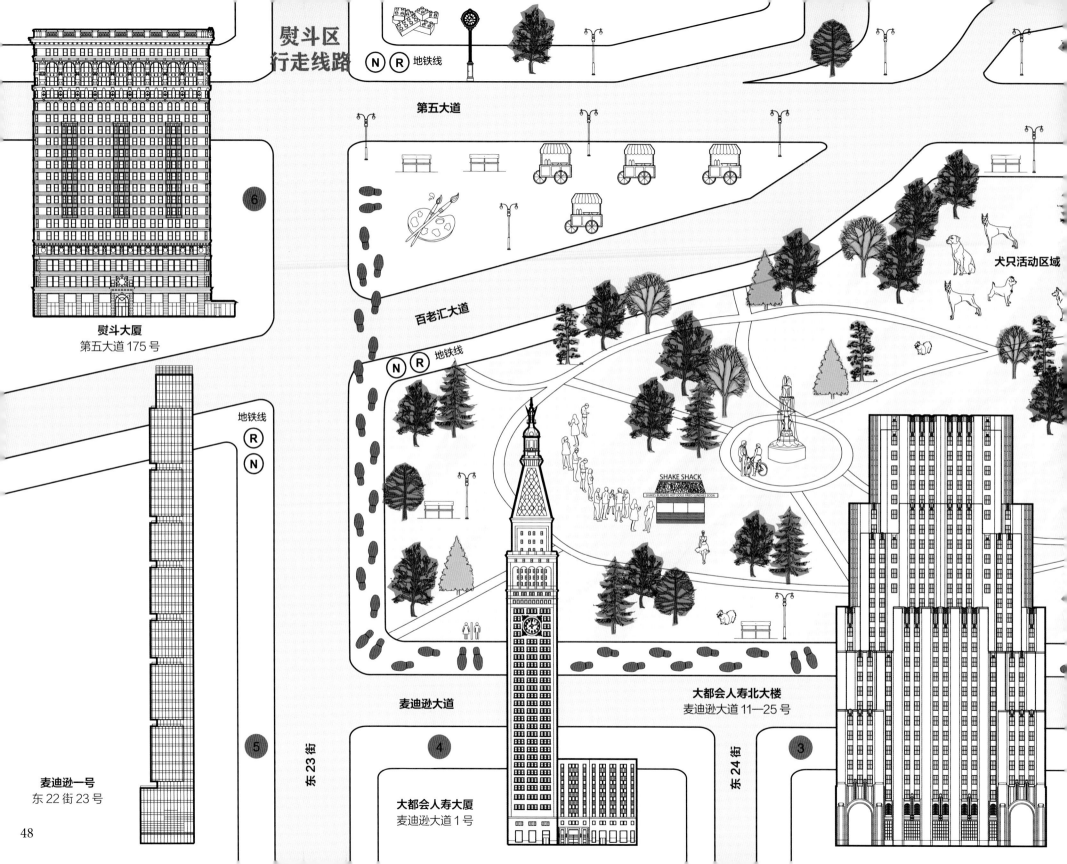

Ⓝ Ⓡ 地铁线

第五大道

百老汇大道

Ⓝ Ⓡ 地铁线

犬只活动区域

SHAKE SHACK
SHAKES BURGERS HOT DOGS FRIED SUNDAES SODA

⑥

熨斗大厦
第五大道 175 号

地铁线
Ⓡ
Ⓝ

⑤

麦迪逊一号
东 22 街 23 号

东 23 街

麦迪逊大道

④

大都会人寿大厦
麦迪逊大道 1 号

大都会人寿北大楼
麦迪逊大道 11—25 号

东 24 街

③

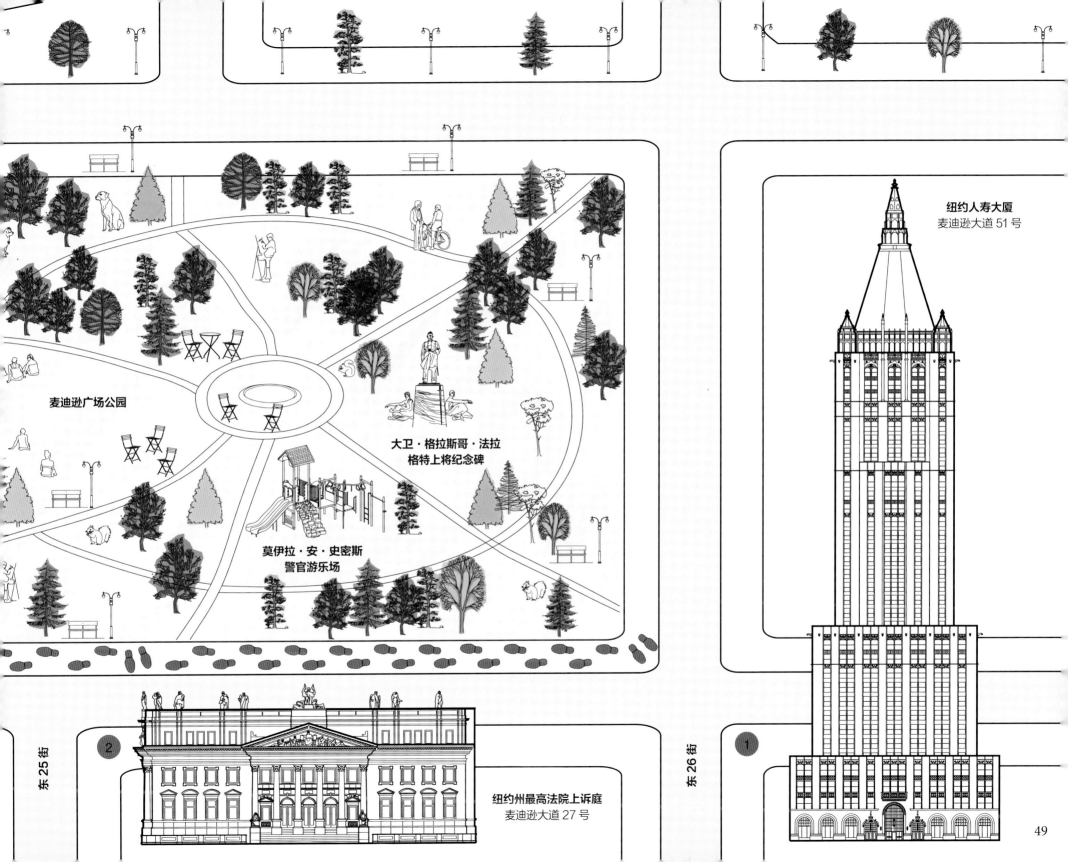

麦迪逊广场公园

大卫·格拉斯哥·法拉
格特上将纪念碑

莫伊拉·安·史密斯
警官游乐场

纽约人寿大厦
麦迪逊大道 51 号

东 25 街

②

纽约州最高法院上诉庭
麦迪逊大道 27 号

东 26 街

①

49

纽约人寿大厦

麦迪逊大道 51 号

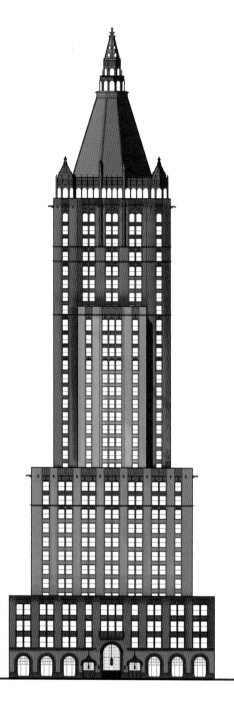

这里是纽约人寿保险公司总部，共有 40 层，包括一个 6 层的金色金字塔。在大厦顶部附近，你可以看到一些哥特元素为建筑赋予风格，例如石像鬼和哥特式窗饰。

建筑的基础部分很大，覆盖了整个街区。塔楼顶端的金色金字塔晚上会被灯光点亮。

建造年份

1928

建筑师

卡斯·吉尔伯特

风格

新哥特式

材料

石灰石

金色塔顶的表面原先贴的是金箔，后来被替换成金色瓷砖。

这块地见证了诸多变迁！它曾是火车站、音乐厅，然后是巴纳姆竞技场，巴纳姆早期在这里推出他的马戏表演。1925 年，最初的麦迪逊广场公园占据这块地。它是由著名建筑师斯坦福·怀特设计的，他于 1906 年在自己设计的建筑的屋顶花园剧院被谋杀。

建筑元素

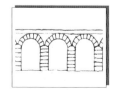
拱廊

阳台

双叶窗

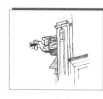
石像鬼

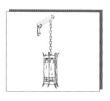
灯笼

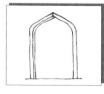
尖拱

尖顶

哥特式窗饰

抬头看纽约人寿大厦。

72 个石像鬼从大厦的金顶俯瞰着城市。

请按数字顺序把点连起来，
看看你会发现什么。

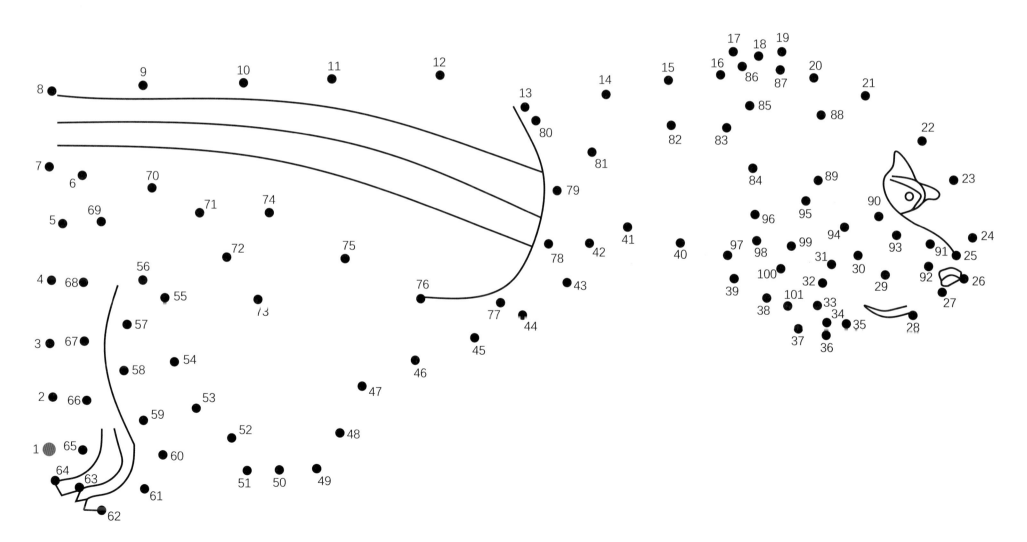

纽约州最高法院上诉庭　麦迪逊大道 27 号

建造年份

1900

建筑师

詹姆斯·布朗·罗德

风格

布杂派

材料

石灰石

尽管和周围的巨型建筑相比体量很小,纽约州最高法院上诉庭以其精美的设计弥补了它较小的体积。

该建筑是 19 世纪 90 年代城市美化运动创造的纪念性建筑中最好的案例之一。参与其中的建筑师和城市规划者认为,通过打造美丽的建筑、广场和公园供人们欣赏,可以创造一个灿烂而和谐的城市。

巨大的山墙、科林斯柱和种类繁多的雕塑赋予了法院鲜明的特色。当时最著名的 16 位雕塑家为此作出贡献,包括雕刻纽约公共图书馆狮子的爱德华·克拉克·波特。

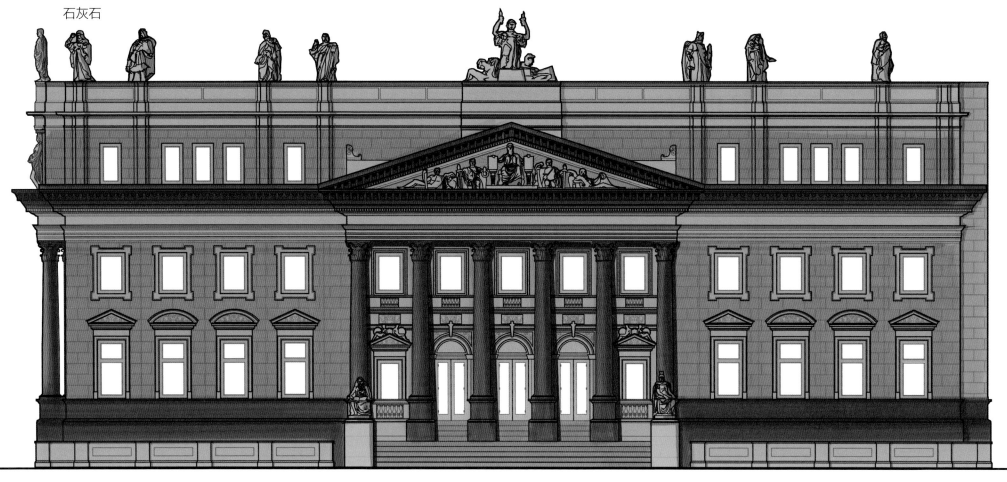

建筑元素

栏杆

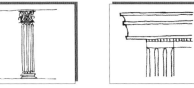

科林斯柱式

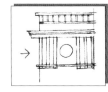

檐口

雕带

装饰性雕带

山墙

壁柱

雕塑

抬头看纽约州最高法院上诉庭大楼，屋顶和山墙内部的雕塑讲述了这栋建筑的故事。

你想讲什么故事？

请在山墙内画出你自己的故事。

问问建筑师！
建筑雕塑通常被纳入建筑设计中。这类元素旨在装饰建筑，并增强其外观的表现力。雕塑也会表明建筑的用途。在这个法院大楼中，雕塑与法律的主题相关。

★ 最著名的雕花山墙要数古希腊帕提农神庙了。神庙的一面雕花山墙讲述了希腊女神雅典娜从父亲宙斯的脑袋中诞生的故事，另一面则绘制了雅典娜和海神波塞冬为争夺雅典统治权而进行的著名战斗。

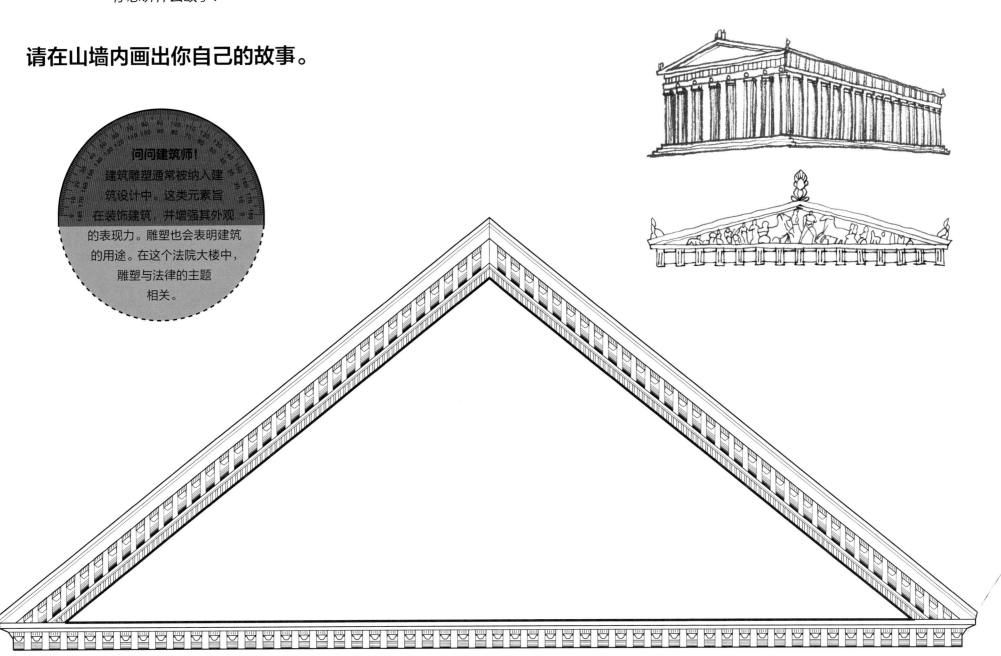

大都会人寿北大楼

麦迪逊大道 11—25 号

大都会人寿保险公司北大楼最初被设计为一座 100 层的超高层建筑。然而由于经济大萧条，在建完 29 层楼之后就停工了。

你在这里看到的只是最初设计的基础部分。

它看起来像是缺少些什么吗？

建造年份

1932

建筑师

哈维·威利·科贝特与
埃弗里特·怀德

风格

装饰艺术风格

材料

石灰石、大理石

建筑物在地面上形成的形状称为建筑的覆盖区。这栋建筑的覆盖区占据了一整个街区。

大的覆盖区通常意味着建筑很高。大多数超高层建筑都有巨大的基座，随着高度增加，楼体变窄。

该建筑的覆盖区非常大，因为它原本是 100 层高的塔楼的基础。每个拱形入口看起来也过大，因为它们对于超高层建筑而言是合适的比例，而对于 29 层高的建筑而言并不是。

右边是最初的设计中建筑外观的示意图。

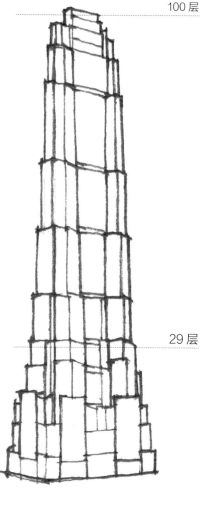

100 层

29 层

建筑元素

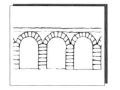

连拱

拱窗

壁柱

上下推拉窗

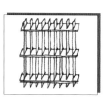

建筑格栅

窗槛墙

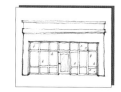

店面

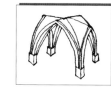

拱顶

抬头看大都会人寿北大楼。

这栋本来打算建造为 *100 层的塔楼，*
在大萧条期间停工了。
你会怎样设计这栋建筑，使它成为最初设想的超高层建筑？

请完成超高层建筑设计。
设计一个新的塔楼。

问问建筑师！
为什么我们需要建筑
图纸？建筑图纸用于很
多方面，图纸可以：
· 推进建筑师的设计
· 展示所有技术细节
· 为施工提供依据
· 为建筑留存记录

大都会人寿大厦

麦迪逊大道 1 号

大都会人寿大厦 1909 年被加建在 1893 年建造的 11 层高的大都会人寿大厦东楼旁。这栋 51 层高的建筑建成后四年内曾是世界最高的建筑，直到伍尔沃斯大厦 1913 年取代它获得这一称号。

塔楼在 20 世纪 60 年代初进行了翻新，并去掉了原来的大部分装饰。建筑的大理石外墙覆盖了石灰石，使外观更具现代感。

建造年份

1909

建筑师

拿破仑 · 勒布朗父子

风格

装饰艺术风格

材料

石灰石

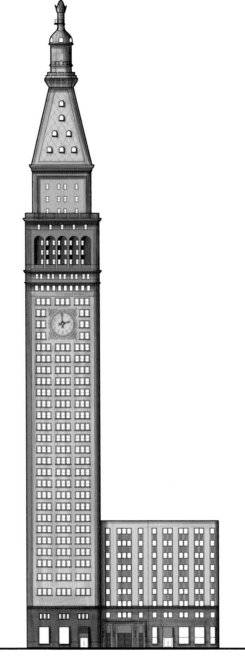

塔楼顶部的金色圆顶在晚上被点亮，就像帝国大厦一样，随着不同节日和其他重大事件改变颜色。

钟面上的每个数字都有 4 英尺（121.92 厘米）高。

建筑元素

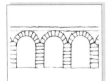

连拱

拱窗

阳台

栏杆

穹顶

老虎窗

尖顶

三连窗

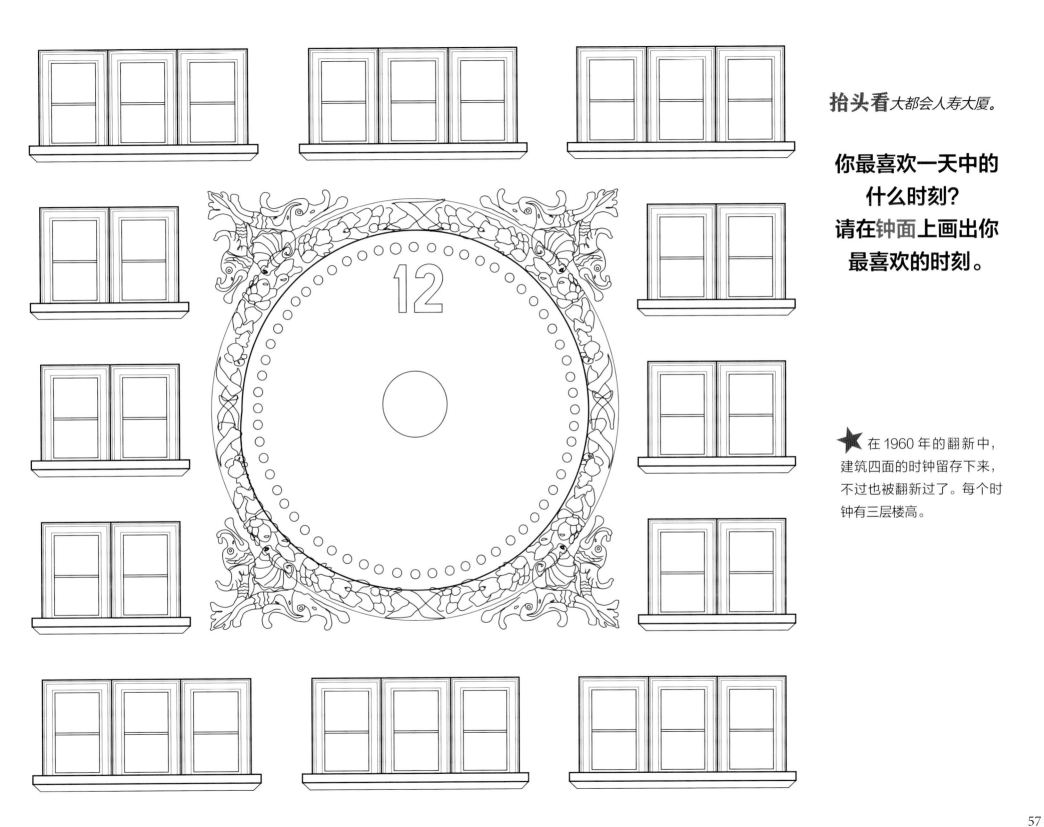

抬头看大都会人寿大厦。

**你最喜欢一天中的
什么时刻？
请在钟面上画出你
最喜欢的时刻。**

★ 在 1960 年的翻新中，
建筑四面的时钟留存下来，
不过也被翻新过了。每个时
钟有三层楼高。

麦迪逊一号

东 22 街 23 号

麦迪逊一号是麦迪逊广场公园对面唯一的当代建筑。它与周围其他的历史建筑形成有趣的对比。

这栋建筑高 60 层。与你目前在这条游览线路上看到的巨大的石灰石和大理石建筑相比，纤细的造型和玻璃立面使它显得十分精致。

建造年份

2009

建筑师

塞特拉 / 鲁迪建筑事务所

风格

后现代主义

材料

玻璃、混凝土

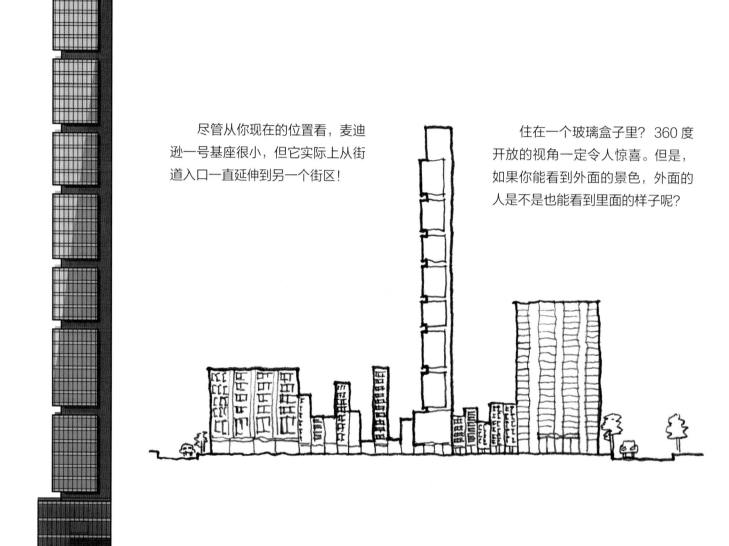

尽管从你现在的位置看，麦迪逊一号基座很小，但它实际上从街道入口一直延伸到另一个街区！

住在一个玻璃盒子里？360 度开放的视角一定令人惊喜。但是，如果你能看到外面的景色，外面的人是不是也能看到里面的样子呢？

建筑元素

阳台

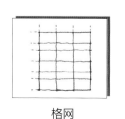

幕墙

格网

窗棂

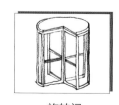

龛

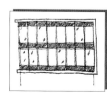

旋转门

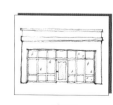

窗槛墙

店面

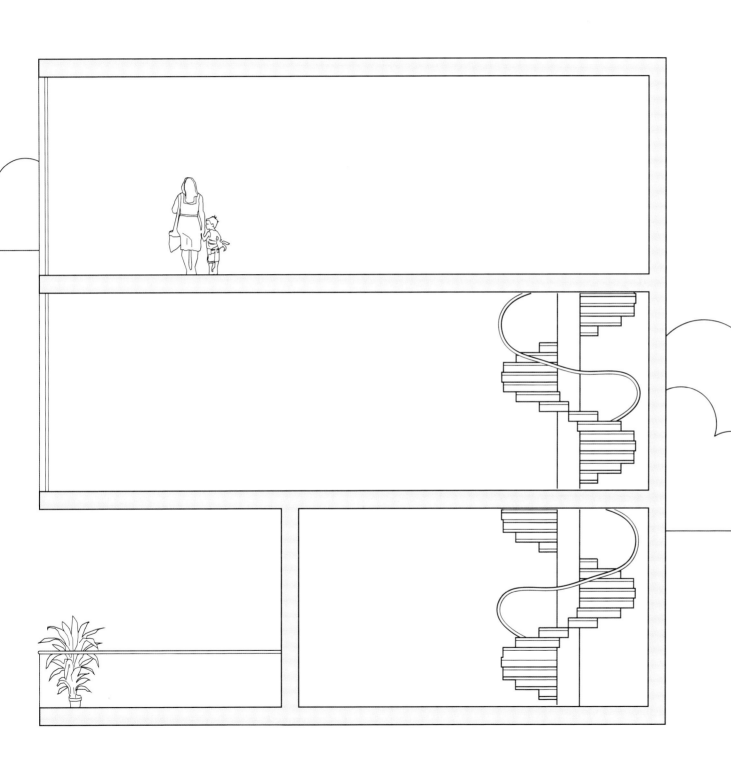

抬头看麦迪逊一号。

这栋建筑看起来像一堆叠起来的

玻璃盒子。

你喜欢生活在空中的玻璃盒子里吗？

请画出你在云端的
梦想之家。

问问建筑师！
玻璃可以像钢一样用来做
结构。它是干净的沙子、氧化
钙和碳酸钙高温加热并冷却制
成的，冷却的过程决定了玻璃的
强度。可以在其中添加其他材料
来增加玻璃的强度或品质，
改变颜色或提升能源
效率。

熨斗大厦

第五大道 175 号

熨斗大厦以其独特的三角形外观而闻名。还记得建筑在地面上形成的形状被称作建筑的覆盖区吗？由于百老汇大道与第五大道交叉的位置恰好是熨斗大厦所在地，所以它的覆盖区为三角形，三角形的建筑轮廓占据了整个场地。

人们担心奇怪的形状会使建筑不稳定。然而，建筑师使用了钢结构，赋予建筑强度和灵活性。

建造年份

1902

建筑师

丹尼尔·伯纳姆

风格

布杂派

材料

石灰石、陶土

建筑覆盖区的另一个名字是平面。建筑师以不同的方式使用平面。平面图是建筑的水平切片，它显示了建筑在地面上占据的空间。建筑每个楼层都有自己的平面图，楼层平面图就像是绘出了每个楼层不同区域的地图。

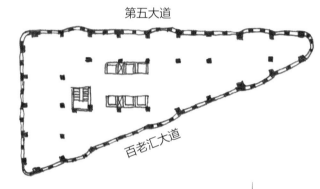

第五大道

百老汇大道

先睹为快！

看了熨斗大厦后，转身沿第五大道向北走，在快到麦迪逊广场公园的那个路口，你便能望见帝国大厦的雄伟身姿。

建筑元素

拱窗

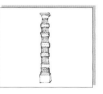

叠合柱

檐口

回纹

拱心石

壁柱

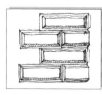

粗面石

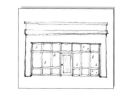

店面

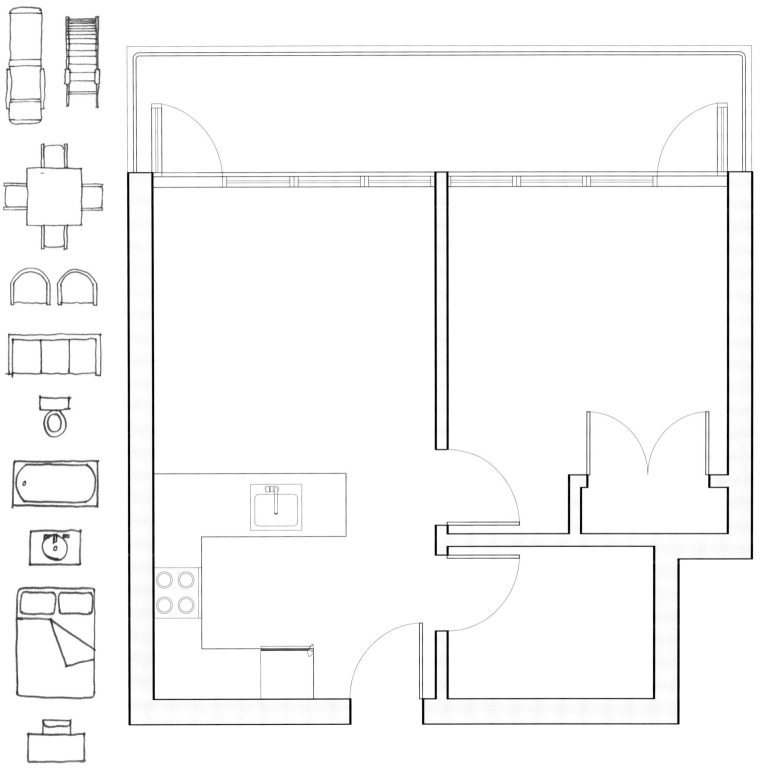

抬头看熨斗大厦，
想象它三角形的平面图。

**请设计你自己的
平面图。
使用家具图标
能帮你获得灵感。**

熨斗大厦是世界上在摄影和
绘画作品中出现次数最多的建筑之
一。专业艺术家和业余爱好者都喜
欢描绘它独特的形态。

时间校准！
最初的七个街道时钟
的另一个位于第五大道和
23 街交叉口附近的乐高商
店前。这栋建筑曾经是第五
大道酒店。钟面上的 FAB
代表第五大道大厦（Fifth
Avenue Building）。

抬头看！术语词汇表

瓦当
　　雕刻的装饰品，贴在一排屋顶瓦片的末端，以隐藏瓦片与屋顶的接缝。

栏杆
　　由阳台或窗户上的短支柱制成的围栏。

扶壁
　　靠在建筑侧面的大型石材支撑构件，防止墙壁倒塌。

连拱
　　一排拱，通常创造了建筑的入口。

雉堞
　　城墙上的矮护墙，顶部有规则的方形开口。有了雉堞，卫兵可以在向敌人射击的同时进行躲避。

悬索体系
　　玻璃墙体系统的一部分。悬索系统支撑着沿外部玻璃墙体延伸的长桁架。

拱
　　半圆形，通常由石头或砖制成，放置在窗户或建筑的入口上方。

飘窗
　　从建筑墙壁伸出的曲线的立体窗户。

雨篷
　　突出于建筑入口的吊顶或覆盖物。

拱窗
　　顶部为半圆形的窗户。

双叶窗
　　由中间分为两扇的窗户，通常为拱形，在中世纪建筑中常见。

卡图什
　　椭圆形的装饰框，上面可能有各种雕刻或铭文。

尖塔
　　建在屋顶上的构件，细细的、高高的，有一个尖头。

牛腿
　　建筑墙壁上突出的石雕构件，支撑着建筑的另一部分。

烟囱
　　壁炉的一部分，将烟排出建筑。

阳台
　　从建筑中伸出的平台，被扶手或栏杆包围，有窗户或门可以通往该平台。

断拱
　　在顶部或底部的中间断开的拱。

混凝土柱
　　由碎石和水泥制成的结构支撑，通常为矩形。

圆锥形屋顶
　　圆锥形状的屋顶，通常位于瘦高的塔楼顶部。

齿形线脚
　　一排排像牙齿的小方块。它是檐口下方的装饰性线脚。

雕带
　　建筑檐口下方带状或条状线脚。

科林斯柱式
　　柱子是高高的、圆柱形的，通常用于支撑屋顶或拱。科林斯柱式的顶部有树叶、花朵或果实雕饰。

多立克柱式
　　这种类型的柱子是光滑的或刻有凹槽，柱头样式简单。

装饰性雕带
　　雕刻有图案的带状或条状线脚。

檐口
　　从屋顶下方伸出的壁架。檐口用于装饰，并保护建筑的外墙。

老虎窗
　　坡屋顶上方垂直的窗户。

石像鬼
　　从建筑侧面伸出的夸张的动物或人形雕刻。可充当滴水嘴，从屋顶排出雨水。

立方体
　　由正方形组成的立体图形。

蛋形和镖形线脚
　　蛋形和镖形图案交替的装饰性线脚。

玻璃梁
　　由非常厚的玻璃制成的支撑梁。

小圆顶
　　塔楼或尖塔顶端的装饰性的小穹顶。

入口
　　建筑的装饰性入口。

玻璃龙骨卡
　　钢制成的龙骨卡，用于连接玻璃面板或梁。

幕墙
　　围合建筑但不支撑屋顶的墙。它们通常由玻璃制成。

入口门
　　进入建筑内部的门。

玻璃电梯
　　轿厢由坚固的玻璃制成的电梯，乘客在乘坐电梯上行或下行时可以看到外面。

玻璃肋
　　高高的、结构性的玻璃面板或片，代替钢支架来支撑玻璃墙。

回纹
　　方形迷宫状的线性图案，常作为装饰性图案用于雕带。

龛
　　嵌入墙的一个角落，通常用于放置雕塑。

格网
　　玻璃墙外部经常使用的直线纹理。

拱心石
　　拱圈中间的楔形大石头，最后才放，用来固定拱。

圆窗
　　圆形窗户，通常开在坡屋顶下方。

檐沟
　　可以将屋面上的水排出的细长沟槽。

柳叶窗
　　具有尖拱的细长的窗户。

帕拉第奥式窗
　　由著名建筑师帕拉第奥设计的中间为拱形、两侧为窄矩形的窗户。

四坡屋顶
　　四面是斜坡的屋顶。

灯笼
　　周围有玻璃罩的灯，有手柄可以提或悬挂。

山墙
　　山墙是三角形的，通常位于建筑开口上方，经过雕琢，具有装饰性，通常由柱子支撑。

爱奥尼柱式
　　爱奥尼柱式的顶部为涡卷形，有柱础。

金属肋
　　建筑物表面长而扁平的金属结构。

墩
　　支撑上方建筑物的支柱或桩。

铁艺护栏
　　铁制的坚固围栏，可防止人们从阳台或露台边缘掉落。

窗棂
　　窗户上固定窗玻璃的垂直或水平元素。

壁柱
　　附在建筑表面的浅柱。它仅用于装饰，但看起来像圆柱。

坡屋顶
　　两侧坡面在中央汇聚成高起的屋脊，形成一个三角形的样子。

粗面石
　　质感粗糙的石材，用于砌筑墙壁。

十字连接件
　　玻璃墙的结构性角支撑，将四块玻璃连在一起。

广场
　　公共的或开放的空间，通常被建筑物包围。

上下推拉窗
　　带有两块玻璃格板的窗户，可以通过上下移动来开关。

旋转楼梯
　　螺旋般的楼梯。

尖拱
　　中央呈尖状的拱。

建筑格栅
　　通常由金属制成的格板，可以形成屏障，同时保持空气流通。一些格栅用其他材料雕刻而成，更具装饰性。

尖顶
　　塔楼顶部高耸的、像金字塔一样的结构。

四叶饰
　　由四个交叠的圆组成的装饰。

雕塑
　　独立的、立体的雕刻艺术品，通常由石头制成。

垂花饰
　　雕刻装饰，看起来像垂挂的布，或一串花朵和果实。

隅石砌
　　在建筑的转角处堆叠的大型石块。通常比建筑其他部分的砖材更大、更具装饰性。

槽窗 / 箭缝
　　外部开口很窄而内部开口很宽的窗户，可以让士兵在射箭的同时受到保护。

塔楼
　　高大细长的构筑物。它可以是独立的，也可以是建筑的一部分。常用于城堡或教堂。

旋转门
　　三扇或四扇绕中心轴旋转的门。通常由玻璃支撑，并被玻璃外壳围合。

窗下墙
　　玻璃幕墙上的一种构件，通常用来隐藏玻璃后的混凝土楼板。

哥特式窗饰
　　哥特式窗户中使用的由交织的线条构成的装饰。

三连窗

　　由三部分组成的窗户。三块窗扇以同样的高度连成一组。

桁架

　　用于屋顶和墙壁的三角形结构框架。

角楼

　　通常建在建筑一角的塔楼，高于与其相连的墙。常用于堡垒或城堡。

拱顶

　　由拱组成的天花板。

窗头

　　窗户上方经过雕刻的构件，通常由石头或混凝土制成。

抬头看！建筑风格词汇表

古希腊建筑

大约公元前 900 年至公元元年古希腊的建筑。它以有着规范平面和装饰的庙宇而闻名。古希腊建筑风格强调对称、平衡和比例。

古罗马建筑

古罗马建筑横跨约公元前 500 年至公元 4 世纪。古罗马风格以许多先进的建筑类型而闻名，包括水道桥、竞技场、剧院和大教堂。拱、拱顶和穹顶是古罗马建筑的常见元素。

罗马式建筑

从 6 世纪到 10 世纪的中世纪建筑风格。罗马式建筑以巨大的墙壁、拱、拱顶和塔楼闻名。许多建筑以中世纪城堡为原型建造。

哥特式建筑

哥特式建筑横跨 12 世纪至 16 世纪。在此期间建造的许多宏伟教堂令哥特风格为世人铭记。哥特式建筑的特色是尖拱、高耸的扶壁、高大的窗户和尖顶。

文艺复兴建筑

从 15 世纪到 17 世纪，文艺复兴建筑在欧洲历时 200 多年。文艺复兴建筑结合了古希腊和古罗马风格，并增加了更复杂的比例、对称性和几何形态。该风格被认为是经典的重生。

巴洛克建筑

巴洛克建筑最早出现于 16 世纪后期。巴洛克风格与文艺复兴风格相似，但更为浮华且更具表现力。它以戏剧性著称，有着强烈的光影对比和大型装饰。

新古典主义建筑

新古典主义建筑始于 18 世纪中期。它将我们带回古罗马和古希腊风格。"新古典主义"强调了欧洲古典建筑的纯粹性，并努力重现这种纯粹性。

法兰西第二帝国风格建筑

19 世纪中期，法国拿破仑三世重建巴黎时所采用的建筑风格。最为一贯的特点是芒萨屋顶。华丽的门、窗和装饰性的牛腿很流行。美国维多利亚风格通常与之有关。

布杂派建筑

布杂派是来源于法国的另一种风格。20 世纪初期在美国流行。布杂派建筑采用古典建筑风格，并添加许多精美的装饰，有时会添加过大的构件。

装饰艺术风格建筑

装饰艺术风格于 1920 年至 1940 年在美国流行，它将简单、浪漫、民俗的形式和手工装饰与工业材料相结合。典型的装饰艺术风格建筑中有大胆的几何形态和大型装饰。

现代主义建筑

现代主义建筑是 20 世纪初期引入美国的。它的灵感来自全球范围内技术和工程的进步。铁、钢、薄板玻璃等新的建筑材料开始出现。更大、更高的建筑可以用更大的窗户和更简洁的结构建造。建筑去掉了装饰，并以"形式追随功能"为指导思想。

后现代主义建筑

后现代主义建筑出现在 20 世纪 70 年代后期。与现代主义建筑的简洁不同，后现代主义建筑以奇怪而有趣为特征。后现代主义混合了许多不同的风格，并增加了装饰性细节。这种装饰是将以前的古典风格加以现代性的夸张。

如果没有我丈夫大卫的鼓励和支持，这本书的出版几乎是难以想象的。

我还要感谢劳伦·鲁宾建筑事务所的团队，感谢他们的动力和创造力。

劳拉·奈特·基廷，感谢她的建言献策。

奥黛丽·崔、卡塔莉娜·库塔和丽贝卡·肯特，感谢他们的才华和贡献。

感谢阿米莉娅·莫德林为这本书注入决定性的灵感。